図解

トヨタがやらない仕事、やる仕事

野地秩嘉
Tsuneyoshi Noji

プレジデント社

目次

第2章 トヨタのコミュニケーション・思考術

第3章 新事業KINTOに見る問題解決のやり方

第4章 トヨタの教育・思想

はじめに

変わり続けるトヨタ。しかし、態度は変わらない

２０２３年1月末、トヨタの新体制が発表されました。13年間、社長を務めた豊田章男《とよだあきお》社長が会長になり、新しい社長には佐藤恒治《さとうこうじ》さんが就きます。翌月には初めての記者会見が行われました。佐藤新社長をはじめとする幹部5人が出席したのです。

記者会見の中で、あるジャーナリストが「サプライヤーについてお聞きしたい」と質問しました。すると、その瞬間、佐藤新社長の顔が曇ったのです。質問を引き取った幹部は社長の気持ちを察して、すぐに「仕入れ先様のことですね」と言い直しました。横にいた佐藤新社長はほっとした表情になり、深くうなずいていました。

トヨタはリスペクトの会社です。つねに相手をリスペクトするのです。ですからトヨタでは「下請け、サプライヤー」という呼称は使いません。「仕入れ先様」です。

トヨタはチームワークの会社です。現場では社員もアルバイトも仕入れ先も販売会社もありません。ひとつのチームです。チームに属する人間はそれぞれの仲間をリスペクトし

て仕事をしています。人はリスペクトされていると感じればその人を幸せにするために働きます。トヨタが言う幸せの量産は相手をリスペクトするところから始まるのです。

さて、トヨタはコロナ禍でも円安でも負けていません。利益を上げ、社員の給料も増やしています。日本企業の大半が低迷しているのに。トヨタは労働環境を整備し、社員の待遇をカイゼン（改善）しています。

リーマンショックの時（２００９年3月期）には４６１０億円の赤字になりましたが、翌年には回復し、以後、ずっと伸びているのです。同社の２０２２年3月期の日本、海外を合わせた自動車の連結販売台数は８２３万台。前年度に比べて58万４０００台（7.6％）、増加しています。営業収益は31兆３７９５億円、前期に比べて15・３％の伸びで、税引前利益は３兆９９０５億円。これも前期に比べ36・１％、成長しています。

コロナ禍の影響、世界的な半導体の不足、部品の供給が遅れたこと、ロシアのウクライナ侵攻による経済ショックもありました。ですが、それでもトヨタは負けていません。トヨタは負けない。負けない会社なのです。

では、こうしたトヨタの強さはどこにあるのでしょうか。

それは働き方です。働き方が他の会社とはまるっきり違います。

会議や打ち合わせのやり方、書類の書き方、社員への教育、研修が他の会社とは違うのです。なんといってもトヨタはどこかのコンサルタントに仕事のやり方や研修の仕方を丸投げしたことはありません。これからもそんなことはしません。トヨタの考え方にのっとって、長い時間をかけて社内で蓄積してきたのです。

それを見て、聞いていると、トヨタの人たちの仕事の進め方は一般の会社の人たちとは違っているのです。

この本にはトヨタの強さを支える幹部と現場の働き方を書きました。とはいっても、彼らは決して難しいことをやっているわけではありません。自足して、仕事をしています。満足ではなく、自足です。

「自分にとってはこのやり方が一番だ」を探しながら働いています。トヨタで働く人たちは押し付けられた仕事のやり方ではなく、自分自身で時間を管理し、仕事をコントロールしています。

押し付けられた教育、研修は長続きしません。

2005年ごろ、リッツカールトンのクレド（信条）に関する本がいくつも出ました。そのころ、サービス業の会社を訪ねると、どこもかしこもスーツの胸ポケットに名刺大のクレドを書いたカードをしのばせていて、朝礼で「クレド」を暗誦していました。クレド、

クレド、クレドの時代があったのです。

しかし、時代は風と共に過ぎ去ってしまいました。今、クレドのカードを持つ人に会うことはありません。長続きする仕事のやり方とは自分の体質と生活にフィットしたものだけです。トヨタの人たちはそれをよくわかっています。

仕事とは「なぜ」を5回、自分に問いかけること。そこから始めてさまざまな問題を解決していくこと

トヨタは現場主義の会社です。そして、形式主義、前例主義を嫌います。

「トヨタの会議は30分」などと仕事に時間の枠を当てはめたりする風土はありません。15分で終える会議もあれば2時間以上かける会議もあります。たった30秒の打ち合わせを毎日やるセクションもあります。トヨタの会議に時間の制約はないのです。そして、決まり事や制約を増やして、全員に適用しようとするような官僚的な会社ではありません。

トヨタは「これをやるな。あれをやるな」と細かな決まりを増やすようなことはしません。「答えは自分で考えろ」という会社です。そこで、どんな仕事であっても「なぜ」を5回以上、繰り返し、自ら仕事を見つめ直してから着手します。

このようにトヨタでは会議の時間や書類の書式は決まっていませんが、標準はあります。しかし、一度作った標準をいつまでも大事にしているわけではありません。現状よりもよい方法があれば変えてしまうのです。

では、トヨタの人間が「これこそが仕事だ」と思っていることは何でしょうか。

それは問題の解決。この本のテーマです。

トヨタの人が「仕事」だと信じてやっていることは意外にシンプルです。「やるべきことは問題を発見してそれを解決していくことだ」と考え、淡々とこなしています。仕事のプロだからこそできる考え方です。

問題を解決するために「なぜ」を繰り返す

トヨタの人たちは問題を前にすると、まず「なぜ」を5回、繰り返します。たとえば、「なぜ半導体が不足しているのか」という問題があるとします。彼らは考えます。

「なぜ半導体は不足しているのだろうか？

それとも、半導体はあるけれど、物流が混乱しているのだろうか？

もしくは半導体製造装置の生産が足りないのだろうか？

なぜ、半導体製造装置を増産できないのか?」

現在、半導体は不足しています。そして、半導体製造装置を増産できないのは、ジョークのようですが、半導体が不足していて半導体の製造装置に組み込む数が足りないからなのです。

このようにトヨタの人たちは「なぜ」を繰り返して問題の本質に迫っていきます。「足りなければ、あるところを探して輸入しよう」といった目の前の処置を行う一方で、彼らは真因を見つけ、二度と起こらないような対策を打ちます。

彼らの仕事は問題を見つけ、解決することです。

新車の開発だって問題の解決だ

新車を開発する仕事と言えばクリエイティブなにおいがします。むろん、クリエイティブな側面もありますが、大きく考えればこれもまた問題の解決なのです。

「脱炭素という環境にあったモビリティを出さなくてはならない。現状の車だけではダメだ」ということが問題であり、それを解決するひとつの方法としてBEV(バッテリー式

ＥＶ）の開発に取りかかります。生産部門でも事務部門でもトヨタの人たちはつねに問題を直視し、問題に対して、「なぜ」という疑問を発します。

「なぜ、この問題が起こったのか？」

「なぜ」を5回以上は繰り返すので、「なぜなぜ解析」「なぜなぜ分析」「なぜなぜ検討」などと呼ばれています。そうして問題を検討して、真因を見つけて解決に導きます。それがトヨタの人たちの日々の仕事で、そうやって利益を上げているのです。

儲かっていない会社には問題を放置する風土があります。儲かっていない会社の人たちはまず、問題があることを自覚していません。問題を見ようとしません。そのため、問題点を解決しないまま新しい仕事に着手してしまいます。それが社内の風土になってしまっています。自分たちの弱いところ、嫌なところを見るのがつらいからです。臆病なのです。

どんな商品でも完璧ということはありません。クレームは必ずあります。クレームを少なくするためには新しい商品を開発する前にまず、既存の商品の問題を見つけておいて、新商品ではその点を直しておかなくてはならないのです。

問題を放置したまま開発した新商品にはつねに問題がひそんでいます。お客さまはバカではありません。問題の種を内包しているので、リリースした後、クレームが入ってきます。回収したり、手直しするとコストがかかるから、「新商品を出しました」という形を取ります。これは「逃げ」です。問題を解決しないまま新しい商品を出すわけです。結局、儲からない商品が増えただけになってしまいます。

儲からない会社には問題を解決せず放置してしまう風土があるのです。風土を変えない限り、会社は成長しません。

対策と処置は別物

トヨタでは問題を解決する「対策」と一時的に行う「処置」は別の行為だと教えます。現在、半導体が不足しています。足りない半導体を買ってくるのは「処置」です。それでは問題の根本的な解決にはなりません。トヨタでは処置は一時的な手当てだと考えています。

本当に大切なのは再発を防止するための「対策」。そこで、半導体メーカーへ社員を派遣して必要な製品を作るためのサポートをします。時には生産ラインの設計もやります。そうやって半導体を恒久的に手に入れることが対策なのです。

半導体不足に対しては処置と対策で問題を解決しています。

前述しましたが、新車の開発も対策であり、問題の解決です。新車を開発することは古くなった車が売れなくなる、さらに新しい規制が適用されることを見越したうえでの問題解決と言えます。

ウーブン・シティのような都市開発もまた新しいモビリティサービスを実現するための問題解決です。トヨタが持つ敷地内に作った都市でさまざまなモビリティを走らせてみると問題が起こります。その問題を解決してから商品として世の中にリリースする。ウーブン・シティは問題解決のフィールドです。

トヨタの社員は入社してから仕事の場面で問題解決の手法を学んでいきます。「なぜ」を5回、繰り返すことを学びます。現状把握から対策立案までをA3の紙1枚にまとめることで問題を解決する道すじ、考え方を叩きこまれるのです。

A3の紙1枚を横に使う

以前から「トヨタの書類はA3の紙1枚にまとめる」といわれていました。

ただし、この文章は適切ではありません。「A3の紙1枚にまとめる」のは正しいのですが、肝心な点は「紙を横にして使う」ことなのです。モニター画面のように横長にすれば、全体をひと目で眺めることができます。トヨタでは書類を「読む」のではなく、まず全体を把握するために「眺める」のです。だから横にして使う。

この話は本文でまた説明しますが、「ああ、そんなやり方があったんだな」と思わせる考え方です。紙を横にして使うことを考えた人の着眼点は素晴らしいと思います。

このように、トヨタが他の会社ともっとも違うところは仕事を別の角度からとらえようとする態度です。ひとつの見方ではなく、四方八方から問題に迫っていくのです。

現場を見るだけでなく、現場で聞く。聞くだけでなく、現場で聞いて回る

彼らは自分ひとりだけで問題を解決しようとは思っていません。

「どうして納車が遅れているのか」という問題を解決するとしましょう。

販売店の現場まで行って、現場を見た後、そこにいる担当者に「どうしてお客さまへの納車に時間がかかるのですか?」とインタビューします。

販売店の担当者は答えます。

「それは、半導体がなくて車が生産できないからでしょ」

そこで、納得しません。次は工場へ行きます。

工場へ出かけて行って、どれくらい生産が遅れているかを聞きます。そして、工場の次は物流拠点、物流会社などを訪ねます。さらに、ユーザーにも感想を聞いたりします。

一般の自動車会社であればユーザーへの納車を早めるためには販売店や物流会社を督促するだけでしょう。しかし、トヨタの幹部、担当者はあらゆる現場を訪ねて、自分の目で見て、聞いて、調べて、対策を立てます。

彼らが必ず現場へ行くのは、それは現場に本質があるからです。ひとつの現場だけでなく、腑に落ちるまで出かけていって聞きます。

そうしないと問題は解決することができません。メールで聞くだけではダメです。彼らは問題が起こることに慣れています。災害にあっても、想定外のことが起こってもビクともしません。難題が降りかかったとしても、解決の方法が出てくると信じているから、おろおろしたりせず、粛々と出張の準備をして現場に向かいます。

花見の会の幹事をやること。問題を見つけることがトヨタの仕事

会社に勤めたら大切にしなくてはならないのは自分が担当する業務です。経理なら数字との格闘でしょう。営業なら商品を売って売り上げを上げること。企画パーソンであればひたすら会社のイメージアップ、あるいは商品の販売促進のために企画を考える……。

業務で結果を出すからこそお金をもらえるのです。

ですが、トヨタでは業務だけができる人間が評価されるわけではありません。「雑事が大事」とされる会社ですから、社会貢献やボランティア活動、社内行事の幹事役を進んでやる人が出世していきます。

「今、繁忙期だから花見の会の幹事なんてやれるか」

露骨に断る人は経営幹部にはなれない、とわたしは想像します。

実は、トヨタの花見の会にはノーハウがあります。業務に携わるのと同じくらいノーハウがあります。詳しくは後で書きますが、計画書を作り、当日の雨の場合のことまでも考

慮に入れ、準備をしたら、翌年のためのカイゼン提案まで記して引き継ぎます。

花見の会の幹事役を難しい仕事にするのではなく、新入社員でもできる簡単な仕事に変えることがこの仕事の目的です。花見の会を成功させるだけではダメなのです。

「いつもおせわになっています」封筒

冒頭にも書きましたが、トヨタの人たちの根底には顧客、仕事仲間、世の中へのリスペクトがあります。それはすべての仕事は相手をリスペクトすることから始まるからです。そして、トヨタには関係者に感謝の念を表すためのコミュニケーションアイテムがあります。それは封筒です。

たとえば、新規に取引を始めたA社がトヨタに部品を納入し、請求書を送るとしましょう。すると、「代金を振り込みましたよ」とトヨタから支払い確認書が郵送されます。だんだんデジタル化されているのですが、まだ郵送で送られることもあるのです。A社の担当者が封筒を受け取って、開封するために裏返すと、文字が印刷されていることに気づきます。封筒のベロに「いつもおせわになっています」と書いてあるのです。もらった人は驚きます。誰の目にも入る封筒にお礼の言葉を見つけることはまずないからです。そんなことが書いてある封筒は他にありませんから、もらった人は嬉しい気持ちになります。

封筒のベロに「いつもおせわになっています」と書くだけです。大したお金はかかりません。誰でもすぐに真似できることです。トヨタでは40年以上も前からやっていることなのですから。しかし、日本の会社でこれを真似しているところはありません。トヨタがやっている仕事とは、すぐにできて、しかも簡単なことです。でも、人はなかなか真似ができない……。

トヨタは「いい」と思えば、すぐに他の部署に伝えます。彼らの言葉では「ヨコテン(横の部署への展開)」と言います。いいこと、役に立つことはすかさずヨコテンします。

一方、真似ができない人たちはそれがいいことだと頭ではわかっています。大した費用もかからないし、封筒のベロに書けば相手が喜んでくれるに違いない、と。

しかし、行動はしません。頭ではわかっているのですが、行動はしません。どうしてかと言われたら、「前例がないから」。「慣例にないことはできない。前例がないことはやらない」のが一般の企業であり、一般のビジネスパーソンです。

トヨタは一般の企業ではありません。慣例にないと知ると、やってやろうと思う人が大半です。ベンチャー企業みたいですね。どんなことでも、いいと思えばとりあえずやってみる。とりあえずやれるような簡単なことを思いつく。そういう会社です。

これから書くキーワードは読んだ後、誰でもすぐにできることばかりです。そして、前例にはないことかもしれません。ですから、行動に出るには決断が必要になってきます。大げさに言えば、それまでの自分と戦う決断であり、それまでの自分の考えを否定することです。

一番難しいことですが、自分の昨日までの考えを否定することさえできれば、誰でもすぐにトヨタの人たちと同じ成果が得られます。

トヨタの会議は30分、ではない

トヨタの会議は30分ではありません。トヨタの会議や書類の呼び方については誤解がまかり通っています。ただし、誤解の中にひとかけらの真実はあります。要は「トヨタの強さとはビジネス判断のスピードであり、時間のコントロールにある」と言いたいのでしょう。

その考え自体は間違っていません。確かに会議や打ち合わせをだらだらと長くやっている会社は成長中の企業とは言えないところがあります。そういった会社の会議では魅力的なプランが話題になるわけではないから、意見を言う人が出てきません。話が続かないから会議は停滞し、なかなか進行しない。退屈な会議だと想像できます。

トヨタはつまらない会議はやらない。退屈な書類は読まない

儲かっている会社、成長している会社の会議や打ち合わせは短いと思います。少ない人数で仕事を回しているから、「ムダを削れ」と言われなくとも、自分で自分の仕事をコントロールしています。限られた時間の中で多くの仕事を処理しなくてはいけないから、自らくふうする……。結果として会議や打ち合わせを短くし、生産性を向上させているのです。

生産性の向上は理想でも目的でもない

トヨタにとって生産性の向上は理想でも目的でもありません。トヨタの人たちが働く目的は「他の誰かのために」です。顧客、取引先、社員とその家族、世の中のため……、他の誰かのために頑張る。きれいごとのように感じるかもしれませんが、本当です。

考えてみてください。「生産性向上のために働け」と上司から命じられたら、部下はど

う思うでしょうか。表面は「はい」と言っても、内心では、「ちっ、うるさいやつだな、勝手に言ってろ」と感じます。

それよりも「他の誰かのために」をそれぞれが思い浮かべればいいのです。人は自分ひとりのためよりも、恋人、友達、愛する子どもや配偶者のために頑張ります。人が頑張る動機とはきれいごとなのです。

斜に構えた人には幼稚な考えに聞こえるかもしれません。でも、人はきれいごとのために働く自分が好きなのです。自分が金や出世のために働いていると思いたくないのです。きれいごとは無敵です。きれいごとは正義だから、人は自分自身の行動に納得して目いっぱい、働くのです。

この本の利用法

この本はトヨタの幹部、現場社員10人にインタビューしたことが基礎になっています。さらにわたしが12年間、取材してきた中で目にした事実から考えたことを書きました。いずれも新入社員や若い社員が仕事で結果を出すための技術の数々であり、役に立つことばかりです。

第1章はトヨタの会議・打ち合わせです。会議、打ち合わせ、プレゼンをだらだらやるのではなく、滞留とムダを省けば結果として時間は短くなり、内容は濃くなることについて書いてあります。トヨタではそういう風に会議、打ち合わせを行っています。ここにはどういった会議を設定して進行しているか、実例とコツを載せました。


第2章は面白くて確実に届くコミュニケーション・思考術です。

トヨタでは「資料はA３の紙1枚にまとめる」とされています。確かに、かつてはそうでした。ただし、今では変わっています。ここには、書類のまとめ方、まとめる時の考え方が載っています。

この章を読めば相手を説得するため、相手に情報なり意志を届けるために何をやればいいかがわかります。たとえば、ビジネスの文章は短く書くことだけが目的ではありません。自分の考えが相手にちゃんと届くように書くことが真の目的です。長さよりも中身です。


第3章は新事業KINTOに見る問題解決のやり方です。

トヨタには「人の本質は現状維持」という言葉があります。人は何の理由もないのに、毎日、同じ道を歩いて駅まで行きます。新しい道路ができて、駅までのルートが近くなったとしても、「いつものルートのほうが安心だから」という理由で、いつもの道を歩いていきます。仕事でも、新しいツールが入ってきても、いつもと同じツールでやるほうが安心だから、それを使ってしまいます。

習慣とは恐ろしいものです。習慣を変えるには膨大なエネルギーが要るのです。新事業を立ち上げるのも同じこと。膨大なエネルギーが要ります。それまでのやり方を変え、否定することは並大抵のことではありません。でも、やるしかないのです。


トヨタであっても、知らず知らずのうちに習慣や前例ができています。新事業のサブスクリプション（定額利用）サービス会社、KINTOは習慣や前例から脱却したことで、新サービスを世の中に根付かせました。

この章ではKINTOの事例からトヨタの問題解決のやり方を見ていきます。新事業を担当するビジネスパーソン、ベンチャー企業の経営者には役に立つ話だと思います。


第4章は教育、思想です。最上の教師とは教えるのがうまい人のことではありません。生徒と一緒になって自分も学ぶ人です。トヨタの社長や幹部は「解」を一方的に伝えたり、仕事のやり方を教えることはありません。

「頑張れ」「絶対に正解を出せ」「ベストを追求しろ」なんてことは言いません。「うちはベストを追求する会社ではない。ベター、ベター、ベターだ」「昨日よりも今日、今日よりも明日。ほんのちょっとずつでいい」「上手にやらなくていい。無理に正解を出さなくていい。それよりも上司のオレをびっくりさせてくれ。オレを超えていけばいい」

トヨタの幹部、管理職は部下には視野の広い人間になってもらいたいのでしょう。

これまでトヨタ生産方式は生産性向上のための経営哲学とされてきました。しかし、社長の豊田章男さん（当時）は本来の目的、究極の目的は「他の誰かのための働き方だ」としています。

創業者の豊田喜一郎は自動織機の改善で大きな利益を上げていました。トヨタは自動車をつくらなくても織機、紡績で戦前から大企業であり、輸出の花形だったのです。喜一郎は関東大震災に遭遇し、アメリカ製のトラックが被災した人々を病院に運ぶのを見ました。

「日本製の自動車があればもっと多くの人を助けることができる」

きれいごとに聞こえるかもしれません。しかし、これが本当のことです。

喜一郎は関東大震災の惨事を見て、みんなが手に入るようなリーズナブルな価格の車をつくりたいと思ったのです。

トヨタは「他の誰かのために」から始まった会社です。トヨタ生産方式もその延長上にある考え方です。仕事を通して人のためになる。少しでも人の役に立つ人間になってみようじゃないかという問いかけだと思います。

普通のビジネスパーソンは自分が立派だとはなかなか自覚できません。しかし、立派な人になった瞬間を体験した人は多いのではないでしょうか。荷物を持ち、ベビーカーを押しているママを助けたことのある人、お年寄りの手を引いて横断歩道を渡ったことのある人、コンビニのレジに置いてある募金箱にお釣りを入れたことのある人……。

そういう人は目の前のラインを不良品が流れようとしているのを黙って見てはいません。ラインを止めてそれを手に取り、カイゼンし、良品に変えてお客さまに使っていただく……。

いずれも立派な人間になった瞬間です。普通の人間が立派な瞬間を持ち、それを少しずつ増やしていけばいい。それなら誰でもできます。あらためてトヨタの強さを考えると、誰でもできる簡単なことをまずやってみること。恥ずかしいと思わず、ベビーカーを押してあげることです。

他の誰かのためになることをやる。それは気持ちのいいことです。だから、やらないよりやったほうがいい。

第 1 章

トヨタの会議・打ち合わせ

やらない仕事
成果発表の会議

やる仕事
問題発表の会議

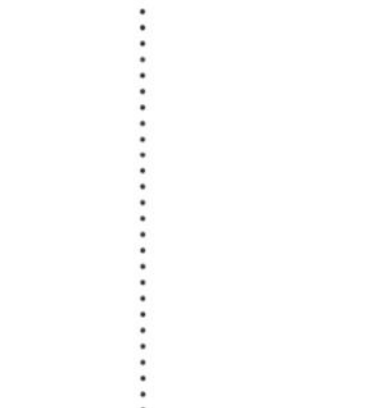

「トヨタの会議は30分」ではない

ある幹部に「トヨタの会議は30分なのですか?」と聞いたら、次の答えが返ってきました。

「30分とはわれわれはまったく意識してなくて、15分で終わるものもあれば2時間かけるものもあります。

大切なのは『この会議は何のための会議か』を明確にすることですし、会議の準備を綿密にすることなのです。トヨタでは参加者全員にテーマを徹底してから会議を設定します。

✕「こんなに頑張った」と自慢

今年は
目標を120％
達成しました！

○「こんな問題がある」と相談

○○の売れ行き
が伸び悩んで
いまして……
△△するのは
どうでしょう？
□□するのを
やめてみるとか？

たとえば、情報開示、情報シェアのための会議なら長時間は要りません。ビジネスの今後を決定する重要な会議であれば、1時間みっちりやることもあります」

「こんなに頑張った」と自慢する役員は誰もいない

幹部は続けます。

「会議で『こんな成果が上がった』と長々と話す人は見たことありません。逆に『こんなに困っている』と話をすると、活性化しますね」

役員会でも「今年私が担当する部門ではこれくらい売り上げた」といった話に反応する人はいないそうです。ですから、そういう話は出てこないのでしょう。

トヨタの会議でやることは困りごとの共有です。それが議題です。困りごとがなければ15分で終わることもある。その代わり、困りごとがいくつも出てくれば1時間はきっちりやるのです。

会議では成果、目標達成といったことについて話すことをやめればいいのです。成果や目標を達成したことは資料で回す、あるいは発表すればいいだけ。わざわざみんなで集まった場で、「オレはこんなに頑張った」と話す意味はありません。

ただし、成功体験の共有は意味があります。それについても資料で回覧するもしくは、別にそれだけを話す場を設ければいいのです。会議では困りごとを発表し、みんなの知恵で解決の糸口を見つける。それだけで会議のムダを減らすことができます。実際に、トヨタではそうやっているのです。

やらない仕事

意味もなく短い会議

やる仕事

体感時間が短い会議

トヨタの会議はとにかく面白い

いくら会議が短い時間で終わったとしても、何も解決されなければやらなかったのと同じです。

わたしはトヨタの会議の中でも代表的なそれを何度も見たことがあります。そのひとつが自主研究会です。生産現場、販売、事務技術系（事務部門）におけるカイゼン（改善）の会議であり、発表会です。他の会議や打ち合わせにも立ち会いました。どれも時間は30分ではありませんでした。2時間はかかりました。そして、発言を急き立てたり、早口で話して進行を早くしようとはしていませんでした。

× とにかく時間が短い

○ 会議が充実して体感時間が短い

ただし…。

時間こそ2時間でしたが、聞いているうちに「えっ、もう終わったの？」と感じたことがしばしばあったのです。聞いていて眠くなった会議はありませんでした。特に自主研の発表会は内容が充実していて非常に面白かった。アウトサイダーのわたしでさえ、質問したくなるような、もっと聞いていたいような会議だったのです。

繰り返しますが、「トヨタの会議は時間が短い」のではありません。**時間を忘れさせてしまうような、内容が充実した会議なのです。**退屈な会議をやるくらいなら、やらないほうがいいと考えているのでしょう。参加者の発言をわかりやすくするためにリハーサルを2度、3度と行うこともあるそうです。

コミュニケーションにおける生産性の向上とは時間を短くすることではありません。聞いている人の耳に届くように、「内容を面白くする」こと。

トヨタでは内容が充実していないつまらない発表はリハーサルで指摘されます。面白い内容になって初めて発表できるのです。内容が充実している発表が続くから会議も面白いものになります。聞いていて時間は早く過ぎていきます。

トヨタは「つまらない会議はやらない。退屈な書類は読まない」のです。

やらない仕事

やみくもに時間短縮

やる仕事

カイゼンして時間短縮

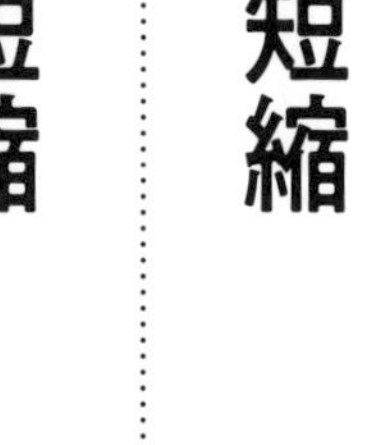

30分に短縮するのではなく、カイゼンするから短くなる

トヨタで特徴的なのは、会議の準備から内容、用意された資料まで、すべてにカイゼンの目が入ることでしょう。

トヨタ生産方式を指導、伝道する部署として生産調査部があります。全体の人数は約100人。教育研修の部署とはまた別にカイゼンを教えるセクションがあるのもおそらくトヨタだけでしょう。

生産調査部は工場などの生産現場をカイゼン指導するのですが、事務技術系の部署のカ

× 目的が時間短縮

時間短縮のために
打ち合わせ内容を
減らそう

○ 結果的に時間短縮

これからは
困ってることだけを
会議で話そう
わかりました！
それ以外の情報は
共有サーバーに
入れておきますね

イゼンも数年前から始まっています。

たとえば、自動車開発の部署には「デザインレビュー」という会議があります。数時間の会議で使われる資料は200ページで、時間も6時間はかかるものでした。

デザインレビューの目的は成果の伝達と困りごとの共有でした。つまり、いいデザインについては説明を聞くだけで、困っているところについて出席者から知見を聞く会議だったのです。

生産調査部の担当が会議の事務局に訊《たず》ねました。

「200ページ以上の資料のうち、困りごとは何ページですか?」

「はい、27ページ分です」

「わかりました。では、今後、デザインレビューは27ページ分だけを議題とする会議にカイゼンしましょう」

そうして、会議の時間は30分になりました。デザインの成果はそれぞれが資料を読んで理解すればいい。会議では話し合うことだけをやろう。トヨタの会議は短いのではなく、カイゼンしていくうちに短くなっていくのです。

「今日の会議は30分で終えるぞ」とあてにならない断定をしてから会議を始める人はトヨタにはいません。

時間を縮めるのはあくまで「動作」の結果

トヨタには「時間は動作の影である」という言葉があります。

会議の時間を短くすることだけに頭を使うのは本末転倒です。時間を短くすることよりも、中身をカイゼンして、結果として時間が短縮されることが重要なのです。

つまり、会議でも、書類作成でも、時間を縮めるのはあくまで動作の結果だということ。作業の時間を構成している動きや仕事の中身をカイゼンすれば時間は自然と短縮されていくのです。時間短縮だけを目的にしてカイゼンを始めると、人は無理な仕事をしなければならない。それはやめようよというのがトヨタの考え方です。

COLUMN

方針とカイゼン

仕事とは「方針管理」と「問題解決」である

トヨタでは「仕事とは方針管理と問題解決だ」と徹底的に教えます。ではまず、方針管理とは何でしょうか。ある幹部はこう説明します。

「トヨタのビジネスプラクティスって、方針管理と問題解決のことなんです。昔は研修で教わりました。『方針管理と問題解決はビジネスの根幹だ』って。

方針管理とは、今年はこちらの方向へこれだけ変化するぞということ。新しいことをやるのが方針管理。そして、方針管理で一度、成功を収めたら、ＰＤＣＡを回す。

ＰＤＣＡとはご存じの通り、プラン・ドゥ・チェック・アクションです。ＰＤＣＡで結果が出て標準化したらマニュアルを作ります。成功した場合はマニュアルにして成功のフットプリントを残す。そうすれば担当が変わっても同じようにプロジェクトを進めることができます。

また、PDCAのアクションとはトヨタでは標準化と横展開をすることなんです。標準化とはマニュアルを作ることで、横展開とは他の部署にも展開すること。そして、標準化した作業の場合、2度目からはSDCAと呼びます。プランではなく『スタンダード』から始まる。スタンダードのマニュアルです。ただし、スタンダードとはいっても、去年成功したことにちょっと上前を付ける。

これがカイゼンなんです。『去年の標準と今年の標準がある。そのギャップのことをカイゼンという』。先輩からはそう教わりました」

トヨタの謎の用語「マルシン、マルモ、マルマ」

話は少し横道にそれますが、知っておいたほうがいいトヨタの専門用語があります。過去にない新車、たとえばEVのbZ4Xみたいな新車を呼ぶ時、社内では○に新と書いて、㊟と言います。次に、○にカタカナの「モ」と書く㋲はフルモデルチェンジした車のこと。○に「マ」の㋮はマイナーチェンジした車です。念のため、マイナーチェンジとはちょっとだけライトなどの意匠を変えたり、エンジンを改造したりすることを言います。

マ
マルマ
マイナーチェンジした車

モ
マルモ
フルモデルチェンジした車

新
マルシン
過去にない新車

ただ、マイナーチェンジの場合、エンジンとボディのシャシーは変えません。ボディのプラットフォームやエンジンを変えた場合はフルモデルチェンジで、それはマルモになります。

さて、方針管理についてです。

方針管理という言葉は一般的ですが、トヨタでは少し違う意味で使っています。

どこの会社でも各期の目標を掲げる時、それを方針と言うのではないでしょうか。そして、その場合の「方針」とは、言葉通り、こんなことをやろうじゃないかという概括的な目標であり、そこに数値目標が加わるといったものでしょう。

方針とカイゼンの違いとは？

一方、トヨタにおける「方針」は数値目標を指すわけではありません。

トヨタの「方針」とは過去にやったことのない新しい企画、新商品をリリースすることです。もしくは大きな変化が方針です。車の開発で言えば、新車のリリース。前記のマルシンのことです。

方針とは部を挙げて、「今年はこちらの方向に大きく変化するぞ」という発表です。たとえば売り上げを10％上げる、これまで100人でやっていた仕事を80人でやる、というのは方針とは言いません。これくらいの変化はカイゼンです。そして、カイゼンのことは日常管理と言います。

10％の売り上げアップは方針として発表するほどのことではないと考えているのです。

しかし、考えてみれば大変ですね。毎年、部を挙げてそれまでにやったことのない仕事に挑戦しなくてはならないのですから。

車で言えばマルシン、マルモは方針に入ります。マイナーチェンジのマルマは方針ではなくカイゼンです。

やらない仕事

会議で 情報共有

やる仕事

会議前に 情報共有

ムダを排除するには「会議の構造」を知る

一般に対策会議、企画会議など、会議とは内容によって参加する人数、想定される時間は変わってくるものではないでしょうか。

ですが、いずれにせよ大半の会議は3つの目的のために行います。

1・情報の共有
2・意見を述べる。他人の意見を聞く。
3・合意の形成

たとえば3カ月後に発売が決まった新商品の販促会議だとしましょう。

わざわざ会議で情報共有
資料にある通り、AはBでして、CはDになります
いちいち話さなくてもよくない？

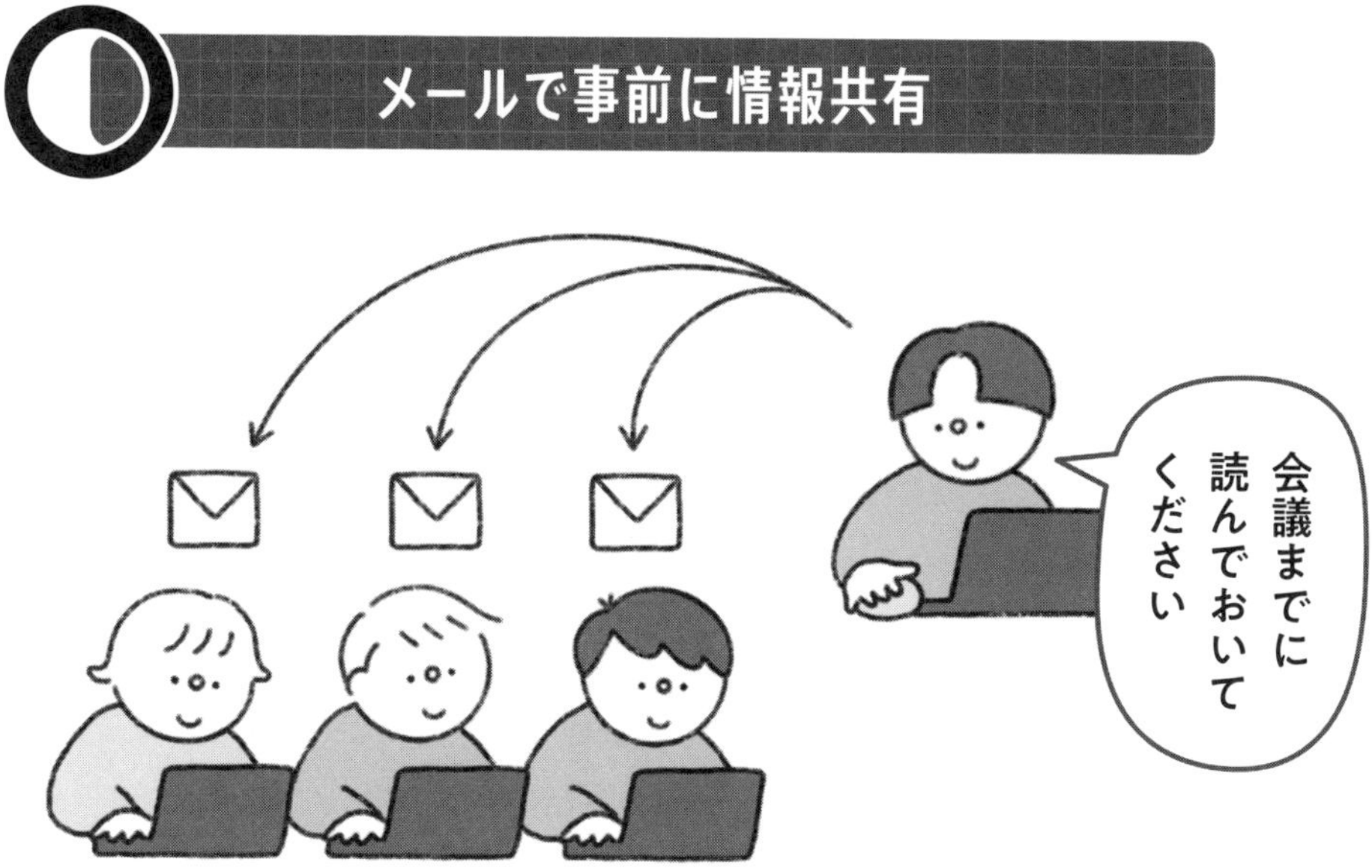
メールで事前に情報共有
会議までに読んでおいてください

1番目の「情報の共有」では新商品のスペック、発売時期などを担当者が参加者に話します。そして、情報とは、報告者の主観を排した客観的な内容のものです。情報は客観的なものですが、立場によって受け取り方は異なります。

「色は赤です」と聞いた人が「若い人向けのスピード指向の車だな」と思うかもしれません。一方で「赤はハデな色だから売りにくいな」と感じる営業担当がいるかもしれません。

情報の共有段階で大切なことは「首都圏で多く売れるでしょう」といった報告者の主観を付け加えないこと。受け手の考えが変わってしまうからです。報告者は淡々と情報を的確に詳細に語らないといけません。

2番目では、新商品の内容を聞いた参加者がどういったターゲットに向けて販促するかといったアイデアを出し合います。

ひとりが「若者向けにSNSを主に使おう」と言い、他の参加者が「いや、若い人向けではあるけれど趣味性が強い商品だからイベントと口コミだ」と反論することもあるでしょう。受け手が営業担当なのか、宣伝のエキスパートなのかなどによって意見は変わってきます。

3番目は「合意の形成」です。意見が出尽くしたころを見計らって、議長役が意見をまとめ、合意する。時には合意に至らず、もう一度、会議を開くことも必要かもしれません。また、多数決で合意を形成することもあります。

一番ムダがあるのは3つのうちどれ？

こうして整理してみると、会議のどの部分にムダがひそんでいるかがわかってきます。**もっともムダがありそうなのは「情報の共有」パートです。実は、この部分は会議を開く前にメールで共有しておけば、最初から意見の表明に進むことができます。**すべてをゼロにしなくてもいいですが、この部分は短くなります。

2番目の「意見の表明」からムダを排除するとすれば次のようなことが考えられます。ひとつは長々と同じことをしゃべる癖がある人に自覚してもらう。また、意見を述べたことがないのに「参加したい」と言ってきた人に、「出席しなくていいですよ」と伝えること。ただ、どちらの場合も相手が上位職にいる人だとなかなか言いにくいかもしれません。ですが、会議を短くする、活性化させるためにはこうしたヒューマンファクターをチェックして、たとえ言いにくいことであってもちゃんと伝えることが必要です。

やらない仕事

早口で話す

やる仕事

わかりやすく話す

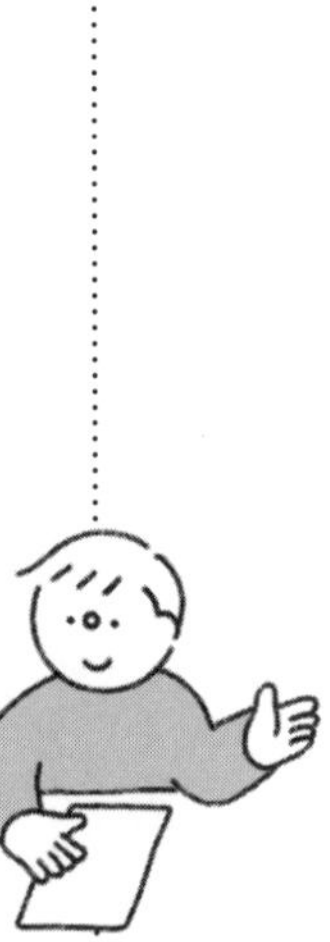

「駆け足で」「端的に話せ」はNG

会議のムダは中身よりも準備や進行のところにひそんでいると思ってください。肝心の中身である「意見の表明」に対して、参加者に「駆け足で」「端的に話せ」と指摘するのは間違いです。それは時間の節約にはなりません。**ゆっくりしゃべってもらったほうが相手には伝わるのですから。**

会議の時間を短縮するコツは事前の準備、そして、会議の進行をチェックすることなのです。

✕ 急いで話してもらう

○ 落ち着いて話してもらう

やらない仕事

雑事を適当にこなす

やる仕事

雑事を本気でやりきる

「花見の幹事をこなせば出世する」伝説

会議の延長にあるのが社内行事です。社員旅行、駅伝、懇親会、送別会、部内の花見……。コロナ禍で開催はがくんと減りましたが、トヨタは現場がある会社ですから社内行事や飲み会が多い会社だと言えます。

お花見のシーズンになると、豊田市にある本社や各工場の人たちは市内の水源公園でお花見をします。

トヨタでは「雑事が大事」とされていて、お花見でも日ごろの業務と同じように担当者

✕「雑事は雑事」と考える

○「雑事は大事」と考える

が決められます。歴代の幹事がブラッシュアップしたマニュアルを元にして、飲食の手配から場所の確保までさまざまな仕事をすることになっています。

そして「花見の幹事を完璧にこなした人間は出世する」という伝説もあります。では、どんなことをやるのか。幹事経験者で役員に出世した人の話を紹介します。

「部長にどえらく叱られた」失敗までちゃんと書く

「花見の幹事、いきなりはできないんです。

まず、マニュアルがありますからそれを見て、今年はどこをカイゼンしようかと考える。ただし、予算は前年と変わりません。マニュアルにはチェック項目がいくつもあります。ドレスコードはどうする？　集める会費はいくらにするか？　ゴザの用意と場所取りはどうするか？　それを書類にするんです。今ではパワーポイントかな。

目的は『花見を成功させる』。その後、チェックポイントを書いていく。それでも初めて幹事をやった人間は失敗します。料理を頼んだのはいいけれど、冷たい食べ物ばかりのセレクションで参加者からブーイングを食らったとか。

天気は晴れるに決まっていると考えて雨具の用意をしなかったら雨が降ってきて、部長から、どえらく叱られたとか。

そんなよかったこと、悪かったことを記録して翌年に残す。花見の記録をこれほど詳細に残すのはトヨタくらいです。『部長にどえらく叱られた』とちゃんと書いておくのはとても重要です」

「SDCA」マニュアルに毎年カイゼンを重ねる

「前年のマニュアルには花見のPDCA資料が載っています。初期の花見計画、当日の記録、よかったこととダメだったこと、翌年のためにカイゼンするところ。すべてを書く。

そして、一度作ったPDCA（プラン、ドゥ、チェック、アクション）の書類を来年使う時、それはＳＤＣＡのマニュアルと呼ばれます。Ｓとはスタンダードの略です。一度、行ったプランはスタンダードとなり、その翌年から必ずカイゼンしなくてはいけないのです。そうしてカイゼンしてできたマニュアルがまたスタンダードになる。花見でもトヨタのそれは前年よりも、どこかよくなっています。

ただし、予算はほぼ同じですから、担当者はビールをシャンパンにするといった金がかかるカイゼンはできません。ビールの半分を酎ハイにして、お金を浮かせて、それでシャンパンではなくスパークリングワインを２本買うといったカイゼンを考えるのです。

花見の幹事をすることは仕事の仕方を覚えることでもあります。ＰＤＣＡをＳＤＣＡにするのは会議でも変わりありません。

また、花見では毎年、何らかのチャレンジが期待されます。完璧にこなすとは前の年と同じ花見をやるのではなく、どこかにカイゼンが必要なのです。もちろん、チャレンジが失敗したからといって責められることはありません。記録に残るだけです」

幹事経験者は最後にひとこと付け加えました。

「花見の幹事が完璧にできるやつは一事が万事ですから、ほぼ出世しています」

COLUMN

「オレは聞いていないぞ」と言う上司こそがムダな存在

トヨタが許さないふたつの「7つのムダ」

会議だけでなく、トヨタにはムダを排除するための指針がふたつあります。それが「7つのムダ」です。

「同じタイトルの指針がふたつもあるのはムダじゃないか。どちらかのタイトルを変えるべきだ」と茶化す声が聞こえてきそうです。しかし、「7つのムダ」は生産部門と事務技術系のふたつにあります。元々あったのは生産部門のものでした。

1・作りすぎのムダ
2・手待ちのムダ
3・運搬のムダ

4・加工そのもののムダ
5・在庫のムダ
6・動作のムダ
7・不良を作るムダ

言葉通り、トヨタの生産現場ではこうしたムダを排除することを長年やってきています。もうひとつの7つのムダは、事務技術系の職場にあるムダを注意喚起したものです。ひとつひとつを考えながら、会議をやろう、資料を作ろうというのが主旨です。

ムダな根回し、ムダな資料、ムダに高い上司のプライド……

①会議のムダ

「決まらない会議」「決めない人も出る会議」を開催していませんか?

②根回しのムダ

自分の〝安心〟のために、〝全員〟に事前回りをしていませんか?

トヨタ自動車本社（愛知県豊田市）に掲げられている「事技系（事務技術系）職場における7つのムダ」

③ 資料のムダ

報告のためだけに資料を作っていませんか？　A４／A３一枚以上の資料を準備していませんか？

④ 調整のムダ

実務で調整していても進まない案件を、「頑張って」調整しようとしていませんか？

そういった案件は、すぐに上位に相談しましょう。

⑤ 上司のプライドのムダ

自分に報告がなかったという理由だけで、「私は聞いていない」と言っていませんか？

上司がこう言うと、②根回し③

資料のムダが発生します。情報は上司自ら取りに行きましょう。

⑥マンネリのムダ

「今までやっているから」という理由だけで、続けている業務はありませんか？

⑦「ごっこ」のムダ

事前に練ったシナリオどおりの〝ジャンシャン〟会議をしていませんか？
決めようとせず、その周辺ばかりをつつくことで議論した気になっていませんか？

どれも痛烈な言葉です。そして、本質だけをつかみとった言葉です。大企業でこれほど痛烈な言葉を標語にできるのはトヨタだからでしょう。官僚的な企業であれば毒にも薬にもならないおとなしい言葉を選ぶでしょう。しかし、それでは注意喚起にはなりませんし、誰の心にも響かないのです。

トヨタ生産方式は事務職の現場にも使える

筆頭が会議のムダです。逆に言えば、トヨタであっても、まだまだムダな会議は多く、さらに会議の中にムダがたくさんあるんですね。ある幹部はこう言います。

「事務技術系職場における7つのムダについてはわれわれも気をつけています。調べてみれば事務の仕事もいくつかの工程に分かれています。工程にたまっている書類や情報もできる限りリードタイムを短くしていこうという目的で始めたのが事務技術系のカイゼン。トヨタ生産方式を利用したものです。

まさしくジャスト・イン・タイムなんです。かつ、工程ごとにきちんと後工程に送っていい品質基準を決めて作り込んでいく。そうして、手戻りをなくそうというのはまさに自働化で不良品の追放です。われわれはそういうことを、事務部門にも他の部門にもきちんと入れていこうとして始めました」

「オレは聞いていない」と怒る上司もいなくなった

幹部は続けて言います。

「たとえば、僕のところに根回しのために一度見た資料が何度も来たりします。でも何度出してきてもダメなものはダメ。ムダです。また、会議で自分の上司の顔に泥を塗らないために、何を聞かれても困らないよう分厚い想定問答とかを作ることもあったのですが、そんなものはほとんど使わない。

今までこうやってきたから資料を作りましたというのも『マンネリ』のムダです。やっているフリをする、あるいはやっているつもりになる『ごっこ』のムダとか、そういうのは全部なくさないと。資料を書いたことで仕事を終えた気になる人がいますけれど、それもまさに『ごっこ』のムダ。

トヨタの役員会では資料はなしにして、全員が自分の頭の中にあることだけで話します。しかし、そもそも会議とはそういうものではないでしょうか」

トヨタにもかつては担当者が一生懸命頑張っているにもかかわらず、オレは聞いてないからそんなことは認めないぞって言う上司が大勢いたそうです。

しかし、不思議なもので、7つのムダを社内に貼り出して、徹底させたら、そんなことは言えなくなるわけです。

この7つのムダはどこの会社でも採用するといいのではないでしょうか。

やらない仕事

つねに日時を決めて報告・相談

やる仕事

時にはエレベーターで報告・相談

「エレベーター打ち合わせ」は頻繁に

トヨタでは会議は時間、場所などははっきりと決めますが、簡単な打ち合わせは場所、時間を選ばずつねに行われているようです。昔は決裁をもらうのに、会社の駐車場で幹部が出勤してくるのを待ち構えて、駐車場からエレベーターの中、執務室までの移動中に話を聞いてもらった人が何人もいたそうです。今でもトヨタ生産方式を広める部署・生産調査部では、「30秒打ち合わせをよくやっています」とのこと。

ある中堅幹部はこう言います。

「私の上司である尾《お》上《うえ》が社内を移動するのにエレベーターに乗るでしょう。その時を見計

✕ アポなしの打ち合わせを拒否

○ その場ですぐ打ち合わせ

らって一緒に乗って、エレベーターが到着階に行くまでの間に相談します。いかに短くまとめて要点を絞るかですね。30秒以内でやります。相談したいことを絞り込めば30秒以内で説明して、意志決定をもらえることはできるんですよ。これはわれわれにとって非常にいいトレーニングです。

相談したことの例ですか？　たとえば、カイゼンの方向性ですね。『経理のカイゼンで、こういう問題があって、その問題に対してこういう対策でいこうと思いますがアドバイスいただけませんか』と聞くと、尾上は『その対策でいいよ。ただ、周知徹底させてね』といったことを答えます。これで30秒です。

カイゼンの進行を報告する定例の会議はあるんですが、カイゼンは日々進むから、迷った時にはやっぱり相談します。エレベーター打ち合わせでは資料も何も持ちません」

役員であっても「アポを取れ」とは言わない

上司である尾上恭吾《きょうご》さんはTPS（Toyota Production System）本部長ですから、普通の会社で言えば役員です。しかし、「秘書を通せ、アポイントを取れ」とは言いません。

トヨタはそういう会社ではありません。

幹部は誰でも、エレベーターであれ、駐車場であれ、空港や駅へ向かう車の中であれ、どこでもミーティングをすることにやぶさかではないのでしょう。

尾上さんにも同じ質問をしたところ、「私も若いころ、よく幹部の車に同乗して車の中で打ち合わせしました」とのこと。

進行中の仕事には、ひとことのアドバイスがすぐに欲しいという瞬間があります。そういう場合はあらためて時間をもらうより、30秒打ち合わせを駆使するといいのではないでしょうか。

しかし、短い時間の相談、打ち合わせを許してくれる幹部とそうではない人がいます。30秒打ち合わせは相手を見て行うことが必要です。そして、それを許してくれる人は権威的でもないし、保守的な人でもありません。新企画の打ち合わせなどは融通無碍《ゆうずうむげ》で進歩的な幹部にまず相談してみるといいと思います。

~~やらない仕事~~

完璧に準備してから行動

やる仕事

行動しながら修正

トヨタの打ち合わせはアジャイル型

システムの開発にはアジャイル型とウォーターフォール型があります。そして、会議、打ち合わせ、相談もまたシステム開発にのっとり、ふたつの方式があるように思います。

アジャイル型

「『素早いシステム開発』を可能とした開発方法（agile：俊敏さ）。つくりたいシステムを大まかに決めたあとは『計画、設計、実装、テストの反復（イテレーション）』を繰り返し、一気に開発を完了させる。システムのリリース後は、ユーザやクライアントからのフィードバックをもとに、システムの改良を繰り返して行う」

✕ 準備に時間をかける

最初にAを通って
次にBに行って
その次はC……
あっ、でも
そうするとDに
行きにくいか
とりあえず
行ってみません？

○ 走りながら修正・調整を繰り返す

ちょっと
ペースを
上げようか
Cをとばして
Dに直接行っても
いいですね

ウォーターフォール型

「システムやソフトウェアの開発手法の一種。手順を一つずつ確認して、各工程に抜け漏れがないかを厳重に管理しながら進めていく。開発担当者や責任者、クライアントが各工程の成果物をともに確認し、双方の合意を得たうえで各工程を完了と見なしていく。前の工程に欠陥があると次へ進めず、次の工程に進むと後戻りできない」

（以上、『パラコンシステント・ワールド』著：澤田純（NTT出版）より引用）

どちらがいいとは簡単には言えないのですが、危機管理や問題の解決のような、現実が刻一刻と動く場合の会議、打ち合わせはアジャイル型がいいでしょう。その場で、その時にわかる情報の範囲内ですぐに決めるわけです。

完全な準備よりも、走りながら修正する

そもそも仕事に取りかかる時、完全な準備をすることは不可能です。

「手順を一つずつ確認して、各工程に抜け漏れがないかを厳重に管理」しようと思っても、スタートしてしまえば必ず抜け、漏れは出てくるのです。

それよりも、目指すべき仕事の完成した姿を「大まかに決めたあとは『計画、設計、実装、テストの反復（イテレーション）』を繰り返し、一気に開発を完了させる」ことが現実的ではないでしょうか。

また、**定例会議を頻繁に行うより、30秒打ち合わせを積み重ね、つぎはぎでいいから仕事を前に進めていくことでしょう。**トヨタや成長しているベンチャー企業の会議、打ち合わせはこうした形で行われていると思います。

やらない仕事

現場から情報をもらうのみ

やる仕事

現場へ行って自分で確かめる

幹部が全員「作業服」姿で仕事をする理由

トヨタの役員、幹部が出席する会議は決して重々しい雰囲気ではありません。テレビで見るような英国風インテリアの大会議室で行われるわけではなく、普通の会議室でしかも誰もが作業服姿です。

社員も役員も、トヨタの人たちは普通に仕事をする時は作業服で、それを脱ぐと、ワイシャツもしくはポロシャツです。人前に出る時はスーツを着ますが、そういう機会は稀《まれ》と言えるでしょう。豊田市にある本社ビルの隣は工場です。周りにもいくつかの工場があります。経営幹部はいつでも生産現場へ出かけられる格好で働いて、会議もやっています。

✕ 問題が起きている現場へ行かない

工場の作業者が困ってるそうです
作業者
自分で現場に行った？
上司

○ 現場で問題の解決策を考える

○○で△△に困ってるんです
作業者
では□□するのはどうでしょう？

大企業の幹部が全員、日常的に作業服を着ているのはそれほど多くないと思います。それくらい彼らは現場を大切にしています。大きなメーカーであっても本社はたいてい東京にあります。そういう会社は誰もがスーツ姿です。

では、そんなトヨタの役員会では何が議題となっているのでしょうか。経営戦略、個々の問題なのでしょうけれど、役員はそれぞれの担当の業績を自慢することはありません。それよりも問題を提示します。

トラブルを抱えた担当者にトップが必ずする質問

「新型コロナの感染者が増えて工場に出てくる作業者が減っている」
「部品の物流が停滞している。そこでこうした取り組みを始めました。みなさん、もっといい取り組み方はありますか」

困った問題が出てくると、出席者は活発に議論をし、解決策を考え、行動に移します。解決策を考える前に、トップが必ず担当に聞くことがあります。

「現地を見たのか。現地へ行ってきたのか。解決策は現地で考えたのか」

コロナ禍で海外渡航がままならない時でも、大事なことであれば彼らは現地へ行きます。もしくは現地工場の様子を、リアルタイムの動画を流して討議します。

どこまでいっても現地現物というのがトヨタの解決手法なのです。

現地現物とは「答えはすべて現場にある」という意味。「考えるより行動せよ」ということなのです。

この考え方はグローバル企業であれば採用するべき手法だと思います。会議室で海外の生産工場の問題や消費者の状況をあれこれと討議するより、出張して動画で問題点を見せるほうが参加者は判断しやすいのです。口頭の報告、書類よりも、リアルタイムの現地現物を追求していくことのほうがはるかに効果的です。

やらない仕事

文字だけのプレゼン

やる仕事

写真や動画で現場を再現したプレゼン

プレゼンは動画入り、イラストもたっぷり使う

トヨタには「自主研」と呼ばれるカイゼンの発表会があります。自主研はトヨタ本体だけでなく関係会社も参加して行っているもので、内容はトヨタ生産方式を活用したカイゼンの経過、結果の発表です。

わたしは自主研を見学したことがあります。2時間ほど様子を眺めました。その時は事務技術系の発表会だったのですが、以前見たものとは違い、進化した形になっていました。かつての発表会では、グラフ、表、文字が配されたパワーポイントを使い、それぞれのカイゼンチームの代表がひとりで説明する形でした。まあ、どこの会社の発表会、プレゼ

× 文字だけで退屈

○ 写真や動画で退屈しない

ンであっても、現在はそういった形式ではないでしょうか。

ところが、最近の発表会は形式がまったく変わっていました。

まず、発表はチーム全員が分担して話します。話し上手な人もいれば緊張気味で声がかすれる人、途中で沈黙してしまう人もいました。それでも、全員が自分が担当したカイゼン箇所を大勢の前で話すことになっていました。

パワーポイントも使用します。ただし、画面には文字よりもフリーイラスト素材がたっぷり使用されていました。ひと目見たら、内容がわかる画面になっていました。文字だけの画面はほぼありませんでした。

「取引先からのクレーム」まで入っている

これが文書の「見える化」です。文章をすべて読まなくとも画面をさっと見れば何を言っているかがわかるようになっていました。

さらに、動画も含まれていました。パワーポイント画面をクリックしたら、インタビューが流れました。それも出てきたのは社内の人間ではありませんでした。

取引先の人間が「トヨタのここを直してほしい」とか「トヨタにこんな要望を出したらちゃんと受け入れてくれた」といったインタビュー画面が流れるのです。

それも決して、トヨタ賛美ではありません。どちらかといえばトヨタに対するクレームです。それを取材して発表するのです。ここまでやる会社はなかなかありません。まるでテレビのニュースみたいになっていました。だから、見ていて面白い発表会だったのです。

現場の光景、匂い、空気を会議室で再現する

発表、プレゼンはチーム内でやり直すだけではありません。自主研を主催するカイゼン担当部署のトップに複数回、リハーサルを見せて練り上げるのです。そうして、インタビュー動画のような新しいメディアも導入し、退屈しないプレゼンができあがるのです。

トヨタの会議、発表会が面白いのはつねにカイゼンしているから。そして、写真、動画、インタビューなどを入れているのは「現地現物」を意識しているからでもあります。会議、打ち合わせ、プレゼンのいずれにおいてもトヨタの人たちが意識しているのは現場です。

現場の光景を会議室に、現場の匂いや空気を資料の中に持ってこなくてはいけないのです。

やらない仕事

普通に準備する

やる仕事

準備を徹底する

「やる」のと「徹底する」のではぜんぜん違う

たとえば会議の時間を短くしようとします。時間よりもまず「何を話すか」「どんな会議なのか」を明確にして、そこからカイゼンを考えていく。そして、前述したように会議の準備や段取りをくふうする。

会議でも事務の仕事でも時間の節約になるのが「外《そと》段《だん》取《ど》り」を取り入れることです。外段取りとは工場での用語なのですが、事務技術系の職場でも応用できます。

外段取りとは製造ラインの中だけの段取りをカイゼンするのではなく、ラインの外側での準備を整えることを言います。

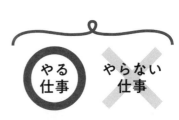

✕ だいたいの人が資料を読んできている

資料を3割
読んできた人
資料を7割
読んできた人
資料を
読んできた人
じゃあ会議を始めます

○ 全員がしっかり資料を読み込んできている

たとえば、プレス工程、鍛造《たんぞう》工程で型を交換する際、Ｆ１レースのタイヤ交換のように、交換部品を用意しておいて素早く取り換える。そうした外段取りをしておけば作業全体の時間は短くなります。

トヨタでは会議や打ち合わせでも外段取りを駆使しています。参加者全員に事前に資料を送って、ちゃんと読んでおいてもらう、意見があるなら用意しておいてもらう。

「そんなことどこの会社でもやっているじゃないか」

そういう反論が聞こえてきそうですが、**トヨタはただ「やる」のではありません。「徹底する」のです。**参加者全員が必ず事前に資料をちゃんと読んでいるのです。頭で「わかった」と言うことと、実際に「徹底する」ことでは雲泥の差があります。

決めたら徹底するのがトヨタです。

時間は動作の影です。時間短縮の号令をかけるよりも、外段取りをいかに取り入れるかを考えるのです。

第2章

トヨタのコミュニケーション・思考術

やらない仕事

「業者」と呼ぶ

やる仕事

「仕入れ先様」と呼ぶ

トヨタの人たちは他者をリスペクトしている

10年以上、同社を観察しているわたしが見ていて、「この点は素敵だな」と思っていることがあります。トヨタのコミュニケーションの基本といっていいでしょう。
それは他者をリスペクトすることであり、リスペクトするような仕組みを会社が取り入れていること。

では、彼らが他者をリスペクトしている証拠はどこにあらわれているのでしょうか。それは呼び方です。トヨタの人は、部品を納入してくる人たちを「業者」あるいは「下請け」と呼ぶことはありません。

✕「業者」と呼んで相手を見下す

おーい、業者の人！
ちょっとこっち来て
……はい
仕入れ先様

○普段から「仕入れ先様」と呼んで相手を敬う

仕入れ先様と
打ち合わせてきます
よろしくね
上司

呼び方はひとつ。「仕入れ先様」です。

丁寧すぎる言葉に聞こえますが「仕入れ先様」と呼ぶのです。言葉には気持ちが含まれています。

「下請け」とか「業者」とか「ライター」と呼んではばからない人たちは、相手を軽んじているのです。軽んじていることを自覚しながら、その言葉を使います。下請け、業者などと呼ばれた人たちがどう感じているか。呼ぶほうはそれもちゃんと認識しています。

一方、呼ばれた人たちは顔には出さないけれど、呼んだ人たちのことを心の中で軽蔑しています。でも、取引をして代金を受け取っているから、「業者と呼ばないでください」とは言えないのです。

しかし、許してはいません。

トヨタは日本でもっとも大きな会社です。けれど、相手を下に見たりはしません。下に見たりはしないように気をつけています。仕入れ先様はトヨタにとってはモノづくりの同士であり、関係に上下はないのです。トヨタは相手をリスペクトする体質を作るために、呼称から考えます。言葉ひとつにも注意を払っています。

相手を「仕入れ先様」と呼んでいるうちに、自然とリスペクトの気持ちが芽生えてくるとわかっているのでしょう。

トヨタがやっていることの中で、一般のビジネスパーソンが真似をするべきこととは仕事仲間をリスペクトすることではないでしょうか。

「業者」などと呼ばずに社名や個人名で呼びかければいい。仕事仲間をリスペクトしている人を見ると、とてもすがすがしい気持ちがします。「この人と働きたい」と思ってしまいます。

逆に「おい、業者さん」と呼びかけるような人と働きたい人はいないと思います。結局、仕事仲間をリスペクトしない人は損をします。それがわかっていないのでしょう。

やらない仕事

やたらと長い書類

やる仕事

ひと目で全体がわかる書類

トヨタの書類の基本は「問題の解決を考える書類」

「書類はA3の紙1枚に書け」
「結論は冒頭に書け」

トヨタではそういうふうに書類を書くと思っている人は多いでしょう。しかし、正しくは次のような表現になります。

「書類はA3の紙1枚を横にして書く。ひと目で全体がわかる書類にする」

✕「長く書けば知的」と考える

○「パッと見て全体が見渡せるといい」と考える

「冒頭に書くのは結論ではない。問題点の背景説明だ。冒頭に結論だけを書いても、読んだ人はいったい何が書いてあるのかわからない」

わたしが話を聞いた幹部は「A3の紙1枚に書類をまとめる」というルールを作った人のひとりです。なぜ、彼がそういうものをまとめる役になったのか。それはトヨタのグローバル化と深い関係があります。

「長く書けば知的に見える」というのは間違い

幹部は説明してくれました。

「トヨタでは仕事のやり方、トヨタ生産方式の考え方などは長く徒弟制度で人から人へ伝えてきました。

教室に人を集めて教科書やマニュアルで伝えるのではなく、朝から晩まで仕事の現場で、1対1で少しずつ教えていたのです。茶道、華道の家元が弟子に直接、教えるような方式だったのです。

1986年、トヨタはアメリカのケンタッキーに工場を作りました。その際、これまでの教え方を一般化、グローバル化する必要に迫られました。仕事のやり方、トヨタ生産方式を海外の従業員にも伝えるために、マニュアルが必要になったからです。

そして、私が担当したのは書類の書き方のフォーマットを作ることでした。

アメリカに進出して、現地社員から書類をもらってみると、彼らはロジカルにとにかく長い文章を書いてきたんです。多ければ多いほうが知的な人間だと主張したいところもあったのでしょう。

しかし、僕らからしてみれば長い英語の文章を読むのは勘弁してくれよという感じでした、とにかく文章を最初から最後まで読まなければわからない。それでは困ると、A3の紙1枚だけに書くと統一することにしたんです。

ただ、アメリカ人だけじゃありません。世の中には『長い文章ほどいい文章だ、知的な文章だ』と思っている人がたくさんいます。しかし、そんなことはちっともありません。知性と文章の長さには何の関連性もないです」

真ん中に十字線を引き、4つのスペースを作って……

Ａ３の紙１枚にまとめるやり方ですが、目的は問題解決です。問題解決のために書類を作るのです。企画書でも報告書でも問題の解決です。

「機械が止まった」
「部品の納品が遅れた」
「予定していた新車の販促計画に支障が出た」
「コロナ禍で株主総会を開くにはどういう方法がいいか」
「新しい車のデザインプランの骨子は何か」

トヨタにおける仕事とは問題の解決のこと。新車を開発する企画書であっても、その前提にあるのは既存の車の売れ行きが落ちてきたという問題です。ですから、新商品の開発とは問題の解決なのです。

トヨタの書類の基本は問題の解決を考える書類です。企画書、報告書はその延長線上に

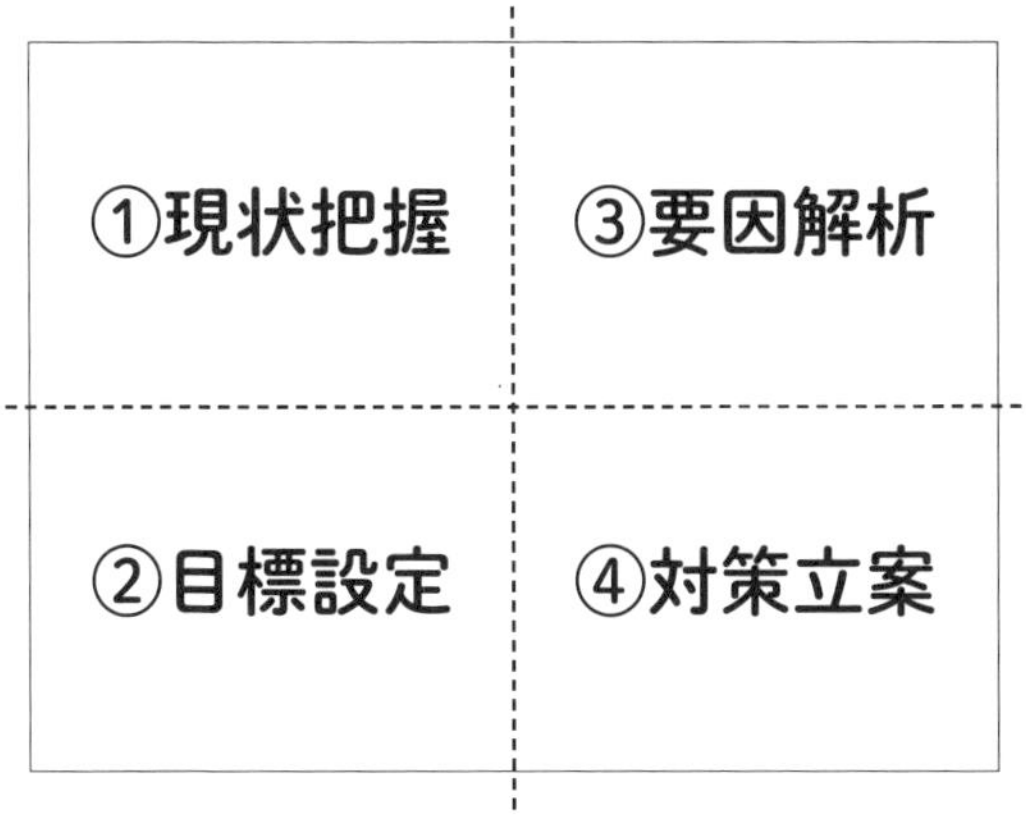

A3の紙1枚のまとめ方

あります。

前置きが長くなりましたが、まず紙を横にします。そして、真ん中に十字の線を引いて、上下、左右の4カ所に分けます。左上には①問題を明確にして現状の把握を書きます。左下には②目標の設定を書く。

右上はもっとも大切な③要因解析です。要因解析は「ブレークダウン」もしくは「なぜなぜ解析」とも呼ばれているものです。右下が④対策の立案です。これだけ書けばいい。

なお、かつては社員の大半がA3書類の書き方を教わりました。今ではツールが変わってきていますから、プレゼンで使うようなパワーポイントになり、画面も1画面ではありません。ただし、4つの要素は必ず入っています。そして、ビジュアルでイラスト素材を入れたり、写真、動画も入れたりしています。ひと目見てわかりやすいものになってきています。しかし、パワーポイントにする前に紙1枚にまとめてみる社員は多いと思います。

やらない仕事

原因だけを追求

やる仕事

真因を追求

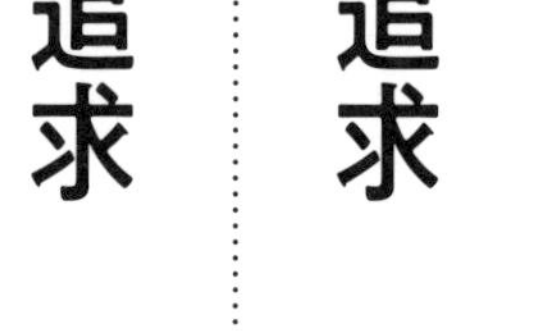

「原因」と「真因」は必ず分けて書く

よく「結論を最初に」といわれますが、トヨタではそうはしません。結論だけ読んでも背景がわからなければ何の判断もできないからです。

では、実際にあったことを例に、先ほどのＡ３の紙を使って説明していきましょう。生産現場で機械が故障し、ヒューズが飛んだ事例です。

①現状把握	③要因解析
②目標設定	④対策立案

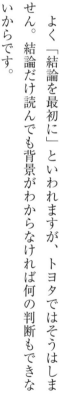

✕ 原因の追求で終える

○ 原因の先にある真因を追求する

①現状把握

「生産ラインにおける機械故障と該当箇所のヒューズ切断」と見出しを書きます。本文には次のような感じですが、実際にはもっと詳細に書くでしょう。

「何月何日、アセンブリーラインで組み立てロボットが故障し、過電流が流れてヒューズが飛んだ」

②目標設定

「過電流が流れた真因を見つけ、対策を施す」

これが目標です。

ここで大切なのは真因という言葉でしょう。真因とは「ある物事や現象、事件などを引き起こす元になっている本当の原因」のこと。

ヒューズが飛んだ原因は過電流ですが、過電流になった原因が真因です。

トヨタではヒューズを交換してそれで終わりではありません。ヒューズが飛ばないよう

に真因を追求するのです。

同じように工場の床に釘が1本、落ちていたとしても、拾って終わりではありません。なぜ、そこに落ちていたのか、どこから落ちたのか、落ちないためには何をすればいいか。そこまで考えるのがトヨタなのです。

①現状把握	③要因解析
②目標設定	④対策立案

やる仕事

やらない仕事

「対策」で再発防止

「処置」で終わらす

もっとも重要なのは「なぜなぜ解析」

トヨタでは「対策」と「処置」は違います。**再発を防止することが「対策」で、当面の対応が「処置」。**先述のたとえではヒューズを交換することは処置で、真因を追求して再発防止する具体案が対策です。トヨタでは対策と処置の違いを徹底的に教えます。

③要因解析(なぜなぜ解析)

なぜなぜ解析と呼ばれるのは、「なぜ、不良品が出たか」などについて、5回以上「なぜ」を繰り返して、真因を追求するから

✕ 処置でしのぐだけ

○ 対策を考えて二度と起こらないようにする

です。最初の「なぜ」は現場へ行くことから始まります。そして、問題の起こっている場所を見つけ、そこに立って観察します。

組み立てロボットの過電流の場合（P94）でしたら、現場で時間帯を切って様子を見ます。時間帯によって異常が見つかるかもしれません。他にロボットの内部に故障があると思ったら、徹底的に調べます。ロボットの操作に問題があるかもしれない、ヒューマンエラーかもしれないと思ったら、作業の様子を調べます。このようにできる限り多くの問題解決の切り口を考えると、視点が増えるので真因を突き止めやすくなります。

その結果わかったのは、過電流が朝一番で起こることでした。しかし、そこから真因の追求までには時間がかかりました。

ある新人エンジニアが朝一番からライン横に立ち、スタートする時から見ることにしました。さらに、ラインを担当していた作業者にインタビューをしたのです。すると、彼女が「このロボットはおそらく寒がっているんだと思います」と答えたそうです。

ロボットが設置してある場所はドアの近くでとても気温が低かった。気温が低いとロボットの中のオイルの粘着度が高まります。動かすには大きな力がいるから過電流が流れる……。そうやって、やっと真因をつかむことができたのです。

真因さえわかれば対策は出てきます。ドアをふさいだり、気温を上げるために空調の温風が周辺にいきわたるようにすると、過電流はなくなり、ヒューズは飛ばなくなりました。

処置と対策は切り分け、並行して進めるもの

処置と対策は、どちらも問題解決には必要です。たとえば、火事が起こったら消防は消火するでしょう。これは処置です。

それから真因の追求です。火が消えたら、住居の焼け跡を調査します。もし同じような状態の家があったら、そこもまた出火するかもしれないから真因の調査は不可欠です。漏電が真因だったとすれば、建築してから長くたった家には漏電の検査を呼びかけなくてはなりません。再発の防止です。消防は処置と対策を同時進行でも行うのです。

このように処置と対策は並行して進めるものです。ただ、処置は誰にでもできますが、対策は真因を見つけないといけません。経験も根性も必要だし、骨が折れる仕事なのです。

やらない仕事

結論重視

やる仕事

要因解析重視

トヨタの書類は読むのではなく「眺める」

トヨタの書類には見方があります。

受け取った側はまず全体を眺めます。それから何が起こっているのか、また、企画書であれば何がしたいのか、①番の「現状把握」を見る。

その次にここが肝心と思った箇所を読む。たいてい、③番の要因解析です。どうやって追求して、真因を見つけたか。企画書ならどうしてこの企画を考えるに至ったか、思考の経過ですね。そこが間違っていたら、対策の立案、企画の内容も信用できないわけです。

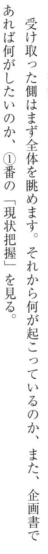

✕ 結論だけ伝える

◯ 結論に至る要因も含めて伝える

トヨタの書類で一番大切な部分とは結論ではなく、「考えの経路」つまり、なぜなぜ解析をやった部分なのです。

この考え方はトヨタ生産方式にも通じてきます。「トヨタの仕事は問題解決」と言ったのは、問題を解決していけば仕事がスムーズに流れていく。結果として生産性の向上につながるからです。

たとえば、今、半導体が不足しています。処置とすれば、半導体を持っている会社から買ってきて、生産現場へ送ればいいでしょう。その間の物流をカイゼンして輸送のリードタイムを短縮すればなおいい。しかし、これはまだ処置の段階です。

真因は半導体の生産が少ないことですから、トヨタの生産調査部が半導体メーカーへ出かけていって、生産が増えるよう応援指導をしたりするのです。真因は上流にあるわけですから、そこまでさかのぼって半導体を増やすことが対策です。半導体の生産量を恒常的に増やせば不足しなくなるわけで、再発防止になります。

「先に結論を書け」では本質を理解できない

トヨタの人間が書類を作成する時、企画書であれ、報告書であれ、どういったものでもこの形式になります。

受け取った側は結論だけを最初に読まされても判断がつきません。提案された企画をやっていいのかいけないのかを判断するには企画した人間の思考過程がわからないといけないのです。ですから、トヨタの書類は結論（④対策立案）よりも、なぜなぜ解析（③要因解析）の部分が重要になるのです。

なぜだ、なぜだ、と問い詰めていくのはまるで刑事が重大事件の捜査をするみたいです。そして、問い詰めていく間に対策がぽっと浮かんでくるのです。

ヒューズが飛んだからと、交換してそれでおしまいにしてしまったら何度も飛びます。不具合、仕事が進捗しないことに対しては処置をして、それでおしまいではいけないのです。ちゃんと対策を立案していかなければなりません。

やらない仕事
すぐに設備カイゼン

やる仕事
まずは動作カイゼン

トヨタが「ＤＸ化の波」に乗らない理由

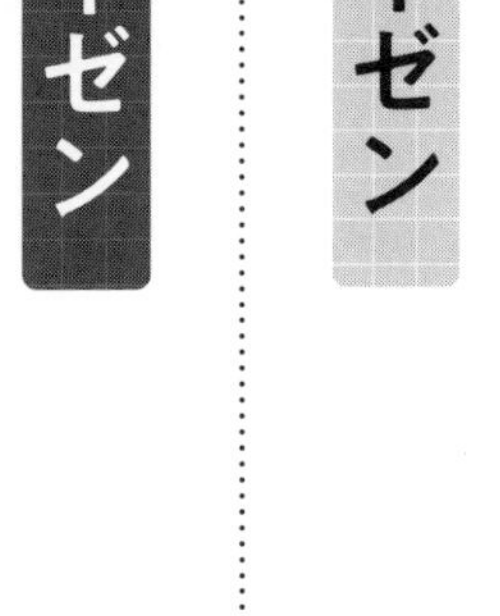

さて、今はやりのデジタルトランスフォーメーション（ＤＸ）についてです。

トヨタには「カイゼンにはできるだけお金をかけない」という鉄則があります。高額な複合工作機械を導入すると、故障した時、専門家でなくては直せません。複合機能の工作機械よりも単機能のそれを並べて設置したほうが費用は安くなりますし、また、生産性も向上するのです。

現在、どこでもＤＸ化が叫ばれています。猫も杓子もＤＸ化を進めることが第一目的と

✕ 新しいものをすぐに導入する

伝票入力のアプリができたんですって
うちもすぐに導入しよう
上司

○ 導入前に現状の修正点を考える

伝票入力のアプリができたそうですけど、必要ですかね？
まずこれまでの入力方法を見直してみようか
そもそも必要ない伝票もあるかもしれないし
上司

思っているようです。でも、トヨタではちょっと違う考え方をしています。

ＴＰＳ本部長の尾上さんはこんな話をします。

「まず最初に動作のカイゼンです。われわれが現場で大切にしているのは『設備カイゼンより動作カイゼン。動作カイゼンした後に設備カイゼンをしましょう』となっています。

最初から設備カイゼンすると最新式の複合機械を入れようとします。そうすると、お金がかかるのです。それよりもまず知恵を使い、最後にお金をちょっとだけ使いましょう。そこがトヨタの考え方です」

システムは手段であって目的ではない

「たとえば伝票をスマホで撮影して数字を入力するアプリがあるとします。アプリ使用料はわずかなお金かもしれません。しかし、うちはすぐに導入はしません。

伝票を見て、入力しなければならない項目はどれだと分析する。そして、要らない項目は入力しなくていいわけですから、その伝票から項目をカットする。よくよく考えて伝票自体が要らなければなくすことも考える。その作業を最初にやってから、ＤＸ化に移ります。トヨタのＤＸ化はどこでもやっているＤＸ化とはちょっと違うのです。

システムはお金をかければかけただけメンテナンス費がかかってきます。メンテナンス費は投資金額に比例するんですよ。いかに最初の投資を抑えるか。するとメンテナンス費も抑えることができる」

トヨタの工場へ見学に行くと尾上さんの言っていることがよくわかります。なんでもかんでも高性能、高機能、最新式の機械を導入しているわけではありません。エレベーターを入れるのでも、簡単に導入するわけではないのです。

「エレベーターより階段にしておいて、階段を上り下りしたほうが健康にいい」
「電気代の節約、ひいては脱炭素につながる」
「何よりエレベーターよりも安いし、メンテナンス費がかからない」
「ただし、ハンディキャップのある人のために最小限のエレベーターは用意する」

エレベーターをつける時でも、考えてから設備を導入する会社なのです。

やらない仕事

定型の資料を定期的にメールする

やる仕事

相手のタイミングに合わせてメールする

定型資料を決まったタイミングで送るのはやめる

トヨタの生産現場では、ムダを省くために「マテハンをなくせ」という合言葉があります。マテハンとはマテリアルハンドリング、部品の運搬のことです。つまり、単に運搬することは仕事ではないという考え方です。

ある幹部は「これは事務技術系の仕事にも通用する」と言っています。

「たとえばメールです。何でもかんでも送りつけるのではなく、何を送るかをまず考える」

✕ 重要でない定期メールを送ってうんざりさせる

○ 相手がメールを見る時間にメールする

まあ、この考え方はトヨタに限らず、もはや常識かもしれません。ですが、ここでおしまいではありません。トヨタではメールで何かを知らせる場合、さらにくふうがあります。

前述の幹部はこう言っています。

「決まりきった定型の資料を、決まりきったタイミングでメールで連絡するのはよそうとなっています。

昔、社内便というものがありました。封筒の中に文書が入っていて、回覧していき、社員は開封して中の情報を確認する。社内便を今ではメールにしていますが、問題はメールを送っても相手がすぐに開くかはわからないことです。大半は相手のパソコンの中で停滞しているのではないでしょうか。停滞している理由はタイミングが悪いからだと思うんです。**情報は相手が必要とするタイミングに送らなければ読んでもらえません**」

相手に届くメールとは、文章のうまさではない

幹部は続けます。

「うちの部署では定型の資料は共有サーバーにしまっておきます。そうして、『何時まで

に見てください』ということも最初に伝えておきます。そうすればみんな見にいきます。これだけでメールの量はがくんと減りました」

メールは送るのに手間がかかりません。ただ、読むのは大変です。特に、定型の気候挨拶から始まるメールが何通も受信トレイにたまっていたら溜息が出てしまいます。

メールを送るタイミングですが、これは送った相手のルーティンを知るしかありません。大半の人は朝、就業前にざっと目を通すのではないでしょうか。一方で、昼の食事前とか、終業間際に見る人もいるでしょう。在宅勤務の場合は朝起きてすぐにチェックするかもしれません。**「相手に届くメール」とは実は文章のうまさではなく、相手の読むタイミングを知っているかいないかなのです。**

そのため、相手と会った時、直接、「あなたは毎日、いつごろ、メールを読むのですか?」と訊ねておくのがよいでしょう。たとえ、目上に当たる人でも、かまわないと思います。ただ、直接、会った時に聞いたほうがいいでしょう。それだけのために電話したり、メールを送りつけたりするのは感心しません。「お前はいつ、読むんだ?」みたいなニュアンスが伝わってしまい、相手の心証を害してしまうので……。

COLUMN

誰でもできる「相手に届くメールの送り方」

いくら合理的でも「お世話になります」は省略しない

トヨタの人たちに聞くと、メールの文章に特別の決まりはないそうです。簡潔に書くように心がけつつも、冒頭のあいさつ文、たとえば「いつもお世話になっております」といったものも書いている、とのこと。「誰も読まないかもしれない文章ですけれど、省いたからといって、その代わりに得られる時間はわずか」だからだそうです。

メールのあいさつ文は何も考えずに自動的に書くものだと思ってください。手紙の冒頭に「謹啓」とか「拝啓」と書くのと一緒です。

「とりあえずCCを入れる」は作りすぎのムダ

TPS本部長の尾上さんは言います。

「大量の資料を添付する人がいます。送るほうはよかれと思うのでしょうけれど、大量だと読むだけで時間を費やしてしまいます。中には資料を添付したうえで、キーポイント（見出し）だけを何行か書いてくる人がいるのですが、こちらのほうが親切だと思います。

また、メールにCCをたくさん入れるのは、トヨタ生産方式でいう『作りすぎのムダ』。本当に読んでほしい内容を本当に必要な人だけに送る。それがメール連絡の鉄則です」


さらに尾上さんは、「親切な人は資料の他にキーポイントをつける」と言っています。そして、その人の資料は「全部読んでしまう」そうです。きっとキーポイントの書き方が上手なのでしょう。内容のすべてを抜粋したものではなく、メインディッシュに誘導する前菜のように魅力的なキーポイントをつけたのではないでしょうか。

「死霊」を避けるために「魅力的な見出し」をつける

尾上さんが言っているのは、メールを送る場合、本文も重要ですが、魅力的なキーポイントを作成する能力が必要ということになります。

そういう場合、本文に名文は要りません。読みたくなるような見出しを書く技術が要ります。編集者が見出しを書く際に発揮する、文章の中身をまとめ、さらに魅力をつけ加える技術です。添付した資料についても見出しをつけておくといいでしょう。

尾上さんはこうも言っていました。

「トヨタでは大量の資料はつけないほうがいいとされています。一時期、増えたのですが、今はずいぶん減ってきています。そして、これは昔、生産調査部で言われていた言葉があります。資料を多くつけてはいけないという意味の戒めの言葉です。

『最初は資料と呼ぶ。量が多くなったら紙量だ。もっと多くなって誰も読まなくなった資料は死霊《しりょう》なんだ』

送るほうは大切だからと大量の資料を送りますけれど、多いと先方のパソコンで死んでしまう。だからそれは死霊なんです」

添付資料はとにかく少なくすることです。そして資料を添付してメールを出す時はキーポイントを忘れずに書いておくこと。キーポイントをまとめる際は記事の見出しだけを読んで「これはいい。わかりやすいな」と思ったものを真似する。

この3点さえ気をつけておけば確実に相手に届くメールを出すことができます。

第3章

新事業KINTOに見る問題解決のやり方

やる仕事

やらない仕事

「初心を忘れるな」と言い続ける

つねに新規事業を立ち上げる

大企業トヨタが作ったベンチャーとは？

トヨタは車をつくっているメーカーからモビリティサービスの会社へと変化しているところです。

裾野《すその》市（静岡県）に開発している都市開発事業「ウーブン・シティ」はその代表とも言える新事業でしょう。

ここではトヨタが始めた自動車のサブスクリプション（定額利用）サービスの事業、ＫＩＮＴＯを例に挙げて、トヨタの問題解決を考えていきたいと思います。

✕「初心を忘れるな」と注意する

初心を忘れず既存の事業を進めましょう
上司
そう言われても……
忘れちゃうよね……

○ 初心にならざるを得ない環境を作る

ふたりはこれから新規事業担当ね！
上司
いろいろ勉強します！
市場のリサーチに行ってきます！

KINTOという新事業を立ち上げる際にどういった仕事のやり方をしたのか。チームワークをどうビルドアップしていったか。考えた企画は果たしてそのまま通用したのか。

トヨタはEV化という変化に合わせていくつもの新事業をスタートしています。今は関連のベンチャー企業を多く抱える会社でもあります。

世の中の経営者はよく「ベンチャー精神を忘れるな」と言いますが、**大企業がベンチャー精神を忘れないためには、実際にそこに身を置くしかありません。つねに新事業を立ち上げればいいんです。**既存の事業ばかりに注力していて「ベンチャー精神を忘れるな」と言っても、それはしょせん無理というものでしょう。

KINTOについて多少、説明します。

KINTOは車のサブスクリプションサービスを主に展開している企業です。契約はウェブから申し込むこともできますし、販売店で申し込むことも可能で、使用する自動車を購入するのではなく毎月、定額を支払って借りる形になります。初期費用フリープランの場合は、頭金は不要です。

定額料金には、車両・オプション代金、自動車税、自賠責保険、任意保険、メンテナンス、故障修理、登録諸費用が含まれています（5年・7年プランについては、車検代も含まれる）。

申込み件数は4カ月で累計50件
↓3年後には累計約3万件に

なお、ひとつ誤解されている点があります。

「KINTOはトヨタから直接、車を仕入れている。販売店には何の得もない」

そうではないのです。

KINTOはディストリビューション機能がなく、在庫車を置いておく場所もありません。ナンバーを取るといった登録手続きもできませんし、故障を修理する機能もありません。

ＫＩＮＴＯは契約の申し込みを受けるだけで、商流ではＫＩＮＴＯが販売店から車を買い取ってユーザーにサブスクで貸し出します。販売店にとってＫＩＮＴＯはリース会社と同じような客に当たるのです。

さて、同事業が始まったのが２０１９年で、３年が経過しました。スタートした当初、申込み件数は４カ月で累計50件という数字でしたが、３年後の現在は累計約３万件となっています。従業員も30人から約５００人（２０２２年10月時点）に増えていますから事業は軌道に乗りつつあるということでしょう。

ＫＩＮＴＯの企画段階から経営まで、すべて先頭に立ってきたのがトヨタでは企画部門が長かった小寺信也社長です。物腰がやわらかい人。ジョークを連発する人という印象です。

新事業を立ち上げた時の仕事の仕方を小寺さんに聞いてみましょう。彼の話には新事業を担当する経営者、そして、部下を持つ管理職に役立つトヨタのキーワードがいくつもあります。

「ここで働くんだ。戻らないぞ」と自覚した

小寺さんはこう言います。

「新事業がスタートした時は、トヨタ社内のみんなは様子見でした。おそらくＫＩＮＴＯに限らないと思います。どんな新事業でも社内はどうやってサポートしていいのかわからないのでしょうね。僕らは邪魔者扱いされたわけでもなく、称賛されたわけでもなかった。みんな遠巻きに見ていたのが正直なところではないでしょうか。

ただ、それはとてもいいことなんですよ。『あいつらが勝手にやっている』と思われたほうがいいんです。いろいろなしがらみ抜きで思った通りのことができるわけですから。

トヨタは自由にさせてくれる会社ですけれど、それでも社内組織のまま、決裁をとって、根回ししてなんてことをやっていたら経営にスピード感が出ません。大企業の中で新規事業をやるならば別組織にしないとダメです。そして、別会社に移った者は『ここで働くんだ。戻らないぞ』と自覚するべきです」

やる仕事 やらない仕事

宣伝するのみ

とにかく仲間を増やす

まずはとにかく仲間を増やすこと

ＫＩＮＴＯはユーザーを大切にしていますが、それだけではありません。各地の販売店との協業も大事にしているそうです。

ＫＩＮＴＯ社長の小寺さんは「新規事業を始めたら、とにかく仲間を増やすことです。敵を作っちゃダメ」と言います。

「車のサブスク、そしてＥＶに進出してくる会社の問題点は販売店との関係をどうするのかということでしょう。日本では車は必ず登録しなくてはなりません。車庫証明も要ります。ＥＶであってもメンテナンスが発生します。

× 新発売をアピールするだけ

○ 人に会って丁寧に説明して周りを味方につける

スマホと違って車の場合は走っている車にソフトウェアを飛ばしておしまいとはいきません。車体に傷がついたり、壊れたりしたら修理工場へ運んでリフトアップすることも必要になってきます。販売店はわれわれの一番大きな財産と言っていいでしょう。だからみんなと仲良くする」

販売店から勧めてもらえない状況に……

ＫＩＮＴＯの人たちがサブスクを売るために力を注いだことは、次の３つです。

１・丁寧な説明
２・協力者の理解
３・商品のメリットを丁寧に訴求する

新事業を始める人、社内ベンチャーで新事業を立ち上げた人たちにとって学ぶところの多い話です。

小寺さんはこう言います。

「最初は名前を覚えてもらわなければならないからテレビCMをやりました。そうすると、KINTOの名前だけは聞いたことがある状態になります。

名前を聞いたお客さまが販売店に行って『それで、KINTOってどうなの』と訊ねる。すると、販売店の担当者は当初、『やめといたほうがいいですよ』と……。

私たちも販売店の人となじみがなかったし、先方もそうでした。新商品について、販売店の人もよくわからないから、『KINTOより、通常の自動車ローン（残価型割賦）契約がいいですよ』と勧めるところが多かったんです。

そこで、『これは販売店の人たちにまず理解してもらわなくちゃいけないな』と思い、丁寧に説明することにしました。

『KINTOはトヨタから直接、車を買うわけではなく、販売店から買うんです。メンテナンスはお客さまが車を買った店が担当するんです』

そういう説明をしてからはわかってくれるようになりました。新事業を始めたら、とにかく丁寧な説明です。わかっているのは自分たちだけなんです。周りも世間の人も新事業については何ひとつ知らないと思って、丁寧に説明を繰り返すんです」

人気の中古車が確実に手に入るメリット

「今、販売店にとってサブスクを勧めるメリットにはどういったものがありますか」と聞くと、小寺さんは次のように答えました。

「はい、まず販売店にとってのメリットですけれど、今なら中古車が確実に返ってくることでしょう。契約期間が終わったら、中古車が全部、返ってくるわけです。現在、半導体の不足で新車の納車が遅れているため、中古車も人気です。中古車の数も足りないのです。そして、この傾向はまだ続きます。ですから、販売店にとっては中古車が戻ってくるのは大きなメリットなのです。

お客さまは販売店の下取り価格と中古車業者の買取価格を比べるので、販売店にとっては、お客さまの車がすべて手に入るわけではないんです。特に人気車種は中古車業者が高値買取をオファーすることが多いから。

また、これまでは中古車がすぐに売れるわけではありませんでした。だから、販売店も熱心ではなかった。ところがコロナ禍で新車、中古車が払底してきて、中古車がなかなか手に入らなくなりました。それがＫＩＮＴＯなら確実に手に入る。販売店としてはＫＩＮＴＯを勧める大きなメリットがあるわけです」

時代環境もありますが、サブスクは販売店にとってありがたい新商品になってきたのでしょう。だから、成長しているわけです。

小寺さんの話を聞いていると、ＫＩＮＴＯが成功した背景には「サブスクがはやっているから」というムードによるものではないことがわかります。**ひとり勝ちするのではなく、関わる人たちが得をするような企画にする。**この場合は販売店が関わる人でしょう。

自分だけが得をする新事業を熱心にサポートしてくれる人はまずいないと考えたほうがいいのです。

COLUMN

トヨタのEV

不人気と思われていたEV車が人気になった

トヨタがBEV「bZ4X」を出したのは2022年の5月でした。初年度の生産は5000台で、すべてKINTOが扱うことになっていました。つまり、トヨタのEVに乗りたいと思うユーザーは今のところサブスクの契約をするしかない。このことで、KINTOの人気は高まっています。

しかし、KINTO社長の小寺さんは慎重です。今後もEVに関しては少しずつマーケットに出していこうと考えています。

「生産制約がありまして、半導体がないし、バッテリーを作れないので、初年度5000台のうち、年内納車ができたのは多くはありません。

トヨタは国内向けに自動車150万台をつくっているわけですから、それからすると年間で5000台は決して多くはないですね。ただ、トヨタだけの事情ではなく、国内にはまだ環境が整っていないんです。充電器インフラが不足していますし、ユーザーのバッテリーに対する不安といった問題もあります。まだまだBEV（バッテリー式EV）が一足飛びに普及していくとは思えません。徐々にEVファンを増やしていこうと思っています」

"サブスクとの相性がいい"その理由

EVの全車をサブスクにしたのはどうしてなのでしょうか。

「下取りの不安がないことです。バッテリー性能の劣化に対する不安もありません。仮にバッテリーが劣化してもサブスクです。お客さまご自身の車ではありません。

そしてサブスクが終わった後、バッテリー、車体とも全数、うちに戻ってきますから、3R（リデュース（ごみの減量）、リユース（再利用）、リサイクル（再資源化））に回すことができます。お客さまにとっても、地球環境にとっても悪いことではありません。

現在、まだEVの中古車は大量に出てきていません。しかし、バッテリーが劣化してしまった車の価格は大きく下がるでしょうから、お客さまは『もう二度とEVなんて買うか』といった気持ちになります。

それに今、EVのバッテリーを交換しようと思ったら、1台分で300万円くらいになってしまうんです。ところが、KINTOでしたらそんなことはありません。バッテリーが劣化したら新しいバッテリーに交換が可能です」

「トヨタのEV」気になる乗り心地は……

小寺さんは続けます。

「なぜなら、バッテリーは簡単に交換できるものじゃないんです。まず重さです。bZ4Xの重量は約2100kgですが、バッテリーの重さだけで約500kgはあります。そしてバッテリーは車の下に敷き詰めて車体の一部になっていますから、交換とはいえ自動車の生産工場に持っていかなくてはなりません。

トヨタの技術部はbZ4Xのバッテリーは10年たっても大丈夫と言います。ただ、これは10年たってみないと誰にもわからない。バッテリーの寿命ってユーザーの使い方に左右されるわけですから」

そしてBEVの乗り心地ですが、小寺さんはどう感じたのでしょうか。小寺さんは「何度も乗りました」と言い、こう付け加えました。

「いい車ですよ。私は日産やテスラも乗りました。トヨタのＥＶはテスラほどワイルドじゃないです。車内は静かで乗りやすい。いかにもトヨタが丁寧につくったＥＶっていう感じです。

ＥＶとエンジン車の一番の違いはとにかく静かなことです。ハイブリッド車に乗ったことのある方はわかると思うのですが、エンジンがかかっている時とかかっていない時では静粛性がまったく違う。あの違いです。そして、バッテリーがフロアパネルの真下に入っているんです。

車屋としての感想を言うと、重量の前後配分がベストなんです。しかも、重心が低い。エンジンだと車体の前に載せるので、前が重たくなる。つんのめって走っている感じで、曲がりにくかったりもするんです。ところが、バッテリーは理想的な配分で車体に載せることができるので、走りに安定感が出ます。

ただ、ＥＶの問題はやはり電池の寿命だと思うんです。山の中で電池切れすることよりも、寒冷地の雪道でスタックした時が怖い。電気自動車は熱源がないので、車内であったまることができません。ガソリン車はエンジン内で爆発して火を熾《おこ》しているのと同じだけれど、ＥＶは電気がなければ冷えます。寒冷地ではＥＶよりもハイブリッド車だと思います」

やらない仕事

会議室で考えた企画

やる仕事

現場（使う人）で考えた企画

新事業に「キラキラ企画書」は通用しない

「ＫＩＮＴＯという新事業をやってみて、たくさん失敗したし、今もしています」と言うＫＩＮＴＯ社長の小寺さん。その中でももっとも勉強になったのが、キラキラした企画書は通用しなかったことだそうです。

「オフィスで一生懸命考え、さんざん討論して企画書を作って、わかったことがあります。会議室の中だけで意思決定した企画は世の中には通用しません。企画書もまたトヨタでいう現地現物で作らないとダメ。企画は現場で考えなきゃダメなんです。

✕ 現場に行かず会議室だけで盛り上がる

○ 現場の声を新規事業の企画にする

ただし、それは新事業みたいな企画です。車の販促計画など、既存の仕事だと会議室で会議をやり、ネガティブチェックを入れると、それなりに当たる確率の高いものができあがるかもしれません。しかし、新事業の場合は絶対に現場へ行かないとダメです。

スタートした時に僕らはＫＩＮＴＯ ＯＮＥとＫＩＮＴＯ ＦＬＥＸという2種類のサブスクを用意したんです。会議室の中で決めた企画でした。

サービス開始時のＫＩＮＴＯ ＯＮＥは1台を3年間で乗るもの。

一方、ＫＩＮＴＯ ＦＬＥＸはレクサスを半年ごとに乗り換えて6台まで乗れる。ＫＩＮＴＯ ＦＬＥＸは好きな車を乗り換えることができるのですから、まさにサブスクリプションです。

ＫＩＮＴＯ ＦＬＥＸ、すごく魅力的に聞こえるでしょう。ところが応募してくる人はほとんどいませんでした。現実には6カ月ごとに車を変える人はいなかったんです。

毎日、車に乗るわけじゃないから、3年間に6台も乗りたい人はいなかった。中国でも同じ結果でした。中国のＫＩＮＴＯ ＦＬＥＸでは、車はトヨタだけでなく、メルセデス、ＢＭＷも乗れるようにしたのですけれど、これもダメでした。お客さまは車をじっくり乗りたいんです。現場でもっと話を聞けばよかったと思いました。

新規の商品に関しては会議室で意思決定することにほとんど意味はないんです。とにかく世の中に出してみて、お客さんの反応を見て、いけるかいけないかを即座に判断する。それが正しいやり方だとわかりました。企画書を練り上げることばかり考えていたんです」

この話は新事業の担当を命じられたビジネスパーソンにはとても重要でしょう。企画書を軽んじるのではなく、企画は現場のことをよく調べたうえで作るという、当たり前かもしれないけれど、初歩的かつ切実な問題ではないでしょうか。

小寺さんは続けます。

「KINTOは新車のサブスクリプションですが、中古車も始まりました。これはキラキラしていない現場発の企画です。中古車のサブスクは新車よりリーズナブルな価格で契約できるので人気が集まっています。誰でも考えられるような企画で、現場からの要望でした。

もうひとつスタートしたのがKINTO FACTORYです。すでに走っているトヨタ車にソフトウェアとかハードウェアのアップグレードをやる新企画です。

たとえば、安全装備は毎年進化しています。プリクラッシュセーフティという衝突被害軽減ブレーキなんて、最初は前を行く車にしか反応しなかったのが、通行する人や自転車にも反応するようになりました」

これからの車は〝スマホ化〟する?

「晴れた日だけでなく、雨の日でも夜でも検知できるようになっています。どんどんレベルアップしています。一方で、お客さまに買っていただいた車はその時点で進化が止まっています。それなら昔、トヨタが売った車の安全装備のアップデートをしよう、と。今までトヨタではほとんどそうしたサービスをやっていませんでした。

テスラはOTAと呼ぶOver The Airでソフトウェアだけをアップデートしています。われわれはソフトウェアだけでなくてハードも一緒にやります。センサーやカメラを変える。メモリを増設する。それには多くの内装部品をはがして、ワイヤーハーネスを入れ直さなければいけません。これを前提にすると、設計段階から車のアップグレードを見越すことが必要になってきます。車の進歩はいろいろありますけれど、今後はアップグレードしていく車が主流になっていくと思います。

よく車は『スマホになる』といわれていますが、僕らは『スマホじゃなくてパソコンだと思ってください』と。パソコンならメモリを増設したり、CPU、ハードディスクを後から付けたりといろいろやることが当たり前になっています。それと同じでかつ、ソフトウェアのアプリも入れていく。

このサービスは世界で初めてなんですけれど、キラキラ企画ではなく、現場のお客さまからの要望なんです」

会議中も2、3人は工場から実況中継

KINTO FACTORYの企画を考えたのはまさに現場でした。

小寺さんたちはトヨタの工場へ行って、センサーやカメラを増設するためにはどんな作業が必要かを実際に目で見てみたのです。すると、車の配線部品であるワイヤーハーネスを取り出したり、通信通路を変えたりするのが非常に手間のかかる作業だとわかったのです。

もちろん、それまでにも頭では理解していたのでしょうが、実際に工場へ行ったら、ワイヤーハーネスの交換は車を1台つくるのと同じくらいの労力がいることに気づいたそうです。

「それならば最初からワイヤーハーネスにさまざまなコネクターを取り付けられる仕様にすればいいのではないか」

そういう考えも現場で出てきました。以後、アップグレードする車の企画が現実になっていったのです。

小寺さんは工場現場での経験を思い出して言いました。

「企画は工場で詰めることにしました。紙に書くより、現地現物で確認することにしたんです。現場で会議もやりましたし、本社で会議している時も2、3人のメンバーは工場からスマホで実況中継する形式にしました。ものづくりの会社ですから、いくら会議室の中で企画書を作っても、それはキラキラしたものにしかならないんです」

企画のスペシャリストが一度「企画を忘れることにした」

小寺さんは会議も打ち合わせも現地現物でやったほうがよかったと思っている。それは、会議室では新技術の話をしても、誰もよくわからない。ところが現場に行けば新技術がどれだけすごいものか、新技術を前にすれば、やれることとやれないことがあるのがすぐにわかるからです。現場で会議をすれば空疎な議論はなくなると言っています。

「工場だけでなく、お客さまの反応も現地現物です。ですから、実はトヨタという会社は、新事業に関しては会議や企画書にそれほど重きを置いていないようにも思います。私は企画部署が長かったけれど、もっと小さくしてもいいんじゃないかって思っています。

ＫＩＮＴＯビジネスも当初は部屋の中にこもって企画書を自分で作って、これならいけると思ったんです。ところがやってみたらお客さまは関心を持ってくれないし、販売店はこちらの言うことを聞いてくれなかった。それでいったん企画を忘れることにしてお客さまに会い、販売店を訪ねたら、そこにいい企画があった。

それはお客さまから、販売店からの要望なんです。お客さまの要望を形にすればよくても悪くてもストレートに答えが出ます。こんなに面白いことはありません」

これはとても大切な考えです。**企画とは自分でひねり出すものではなく、現場に足を運んでお客さまから聞いてくることなのですね。**

やらない仕事

自分の立場の視点で働く

やる仕事

1～2階級上の視点で働く

やはりA3用紙1枚、結論は先に書かない

ＫＩＮＴＯ社長の小寺さんの企画書に対する考え方です。

「企画書の書き方は、20代のころから研修がありました。いわゆる紙１枚に書けというやつです。それを徹底的に教え込まれるんです。Ａ３の紙１枚に問題解決を書くという。トヨタではどこの部署にいてもその考え方です。

全体を俯瞰したところから、問題発見をして、それに対して対策を打って、プラン、ドゥ、チェック、アクションを回していく。それだけです。

✕ 目の前の仕事だけに没頭する

絶対に自分の企画を通すぞ！

○ 全体を見渡したうえで作業する

もし私が課長だったら今やるべき仕事はこれだな

問題解決のA3の紙1枚が書ければ企画書であれ、報告書であれ、応用できます。ですから、企画書も紙1枚が基本です。海外の外国人社員も同じです。同じ研修をして紙1枚にまとめるよう指導します。ただ、今はパワーポイントが増えてきたので、A3の紙1枚にまとめきることはできないようです。でも構成はそのままです。

中には先に結論を書く人がいるけれど、結論が間違ったらそれで終わり。ですから、それはトヨタのやり方じゃありません。全体を俯瞰することが一番必要だと教えるんです。それはトヨタのような会社、1台の車をつくるのにものすごい数の人が関わっているような会社は全体を俯瞰する人ってあまりいないという理由もあります。

生産工場では、持ち場をきちんと守っていれば間違いなく、いい車ができあがって売れるっていうのが根底にある。だから、全体を俯瞰することより、自分のところをしっかりやろうぜとなってしまう。目の前のことを見る人は大勢いるけれど、俯瞰する人は少ない。

トヨタは自分の会社の弱点も知っているんです。ですから何年かに一度、全体を俯瞰する教育をやります。一度、頭の中をすべてリフレッシュするんですが、あれはすごくいいトレーニングでした」

平社員でも課長の視点で

小寺さんは続けます。

「若いころによく言われたのは、1階級、2階級、上のポストになったつもりで全体をとらえること。これもまた俯瞰するための教育ですね。

『課長のつもりで全体をちゃんと見ろよ』って当時の上司によく言われました。すると隣のグループがやっている仕事がうちのグループと整合性が取れているか、同じことを両方でやっていないかとかわかるんです。

『ヒラだと思ってヒラの仕事をしていたらだめなんだ』

言われたことのある人は多いと思います。社内にそういう文化があるんです。関係部署に行った時にも、自分と同じ格の人じゃなくて上の人と話をしろとも言われました。

ですから『出しゃばるな』とか言われたことないです。ヒラなら課長と話す。係長なら部長と話す。それを許容する文化がまたトヨタにはあります」

やる仕事

やらない仕事

むりなのに続ける

「むり」と思ったらあきらめる

頑張るよりもやめたほうが得な場合もある

ＫＩＮＴＯ社長の小寺さんは話を続けます。

「上司の仕事は『ごめんなさい』を言うことだと思うんです。新事業の場合、新企画をいくつもリリースします。うまくいかないと、頑張ってみんなで一生懸命育てようとする。せっかく始めたことだからと一生懸命モードになって周りが見えなくなる。ですけど、**頑張るよりもやめたほうが得だっていうことも絶対にあるんです。傷を広げる前にやめたほうが絶対にいいと思う。**だからそこでやめる。

✕「むり」と思っても中止を決断しない

責任者
オレもそう思うけど言えない……
この新規事業、絶対うまくいかないよね
ですよね

○素直に「むり」を宣言

この新規事業はやめます、申しわけない
気にしないでください!
次の新しい事業を考えましょう!
責任者

そして、やめる判断を上司がすぐにできるのがベンチャーのいいところだと思うんですよ。普通の会社で社長や上司が『やめる』というと社内で袋叩きに遭う可能性が高い。大会社だと社長から『新企画をやめる』と提案することはまずありません。すると、下からはなかなか『やめたいんです』って提案ができない。中間の管理者層も言えない。

ですが、うちみたいな小さなベンチャー企業は提案者兼社長の私が『申し訳ありません。私が間違っておりました』と率先して言えばすぐにやめることができる。ベンチャーの場合は身軽さを大切にするべきです。

もうひとつあります。社長が『ごめんなさい。この企画は途中でやめます』と発表すると、従業員は『うちの会社はベンチャーなんだ』と自覚するようです。自分たちは官僚的な大企業にいるのではない。身軽な会社にいるんだ。だから、当たらない企画はほどほどでやめていいんだと思う。これもまた大事です。

企画には当たるものもあれば外れるものもあります。当たり前です。ダメだと思ったらやめること。それが大事だと思います」

第4章

トヨタの教育・思想

やらない仕事

一方的に教える

やる仕事

できる限り対話重視

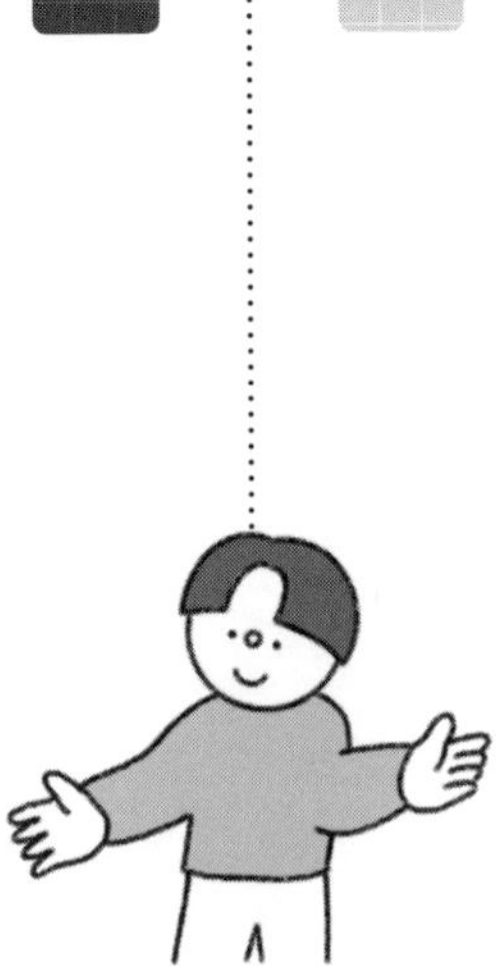

カイゼン活動の発表会「自主研」

ここではトヨタの働き方を確立した社内での研修、教育について述べます。

といっても、特に変わったやり方をしているわけではありません。新人研修、管理職研修、役員研修とさまざまなコースがあり、誰もが受講します。座学が主になっていて、講師は社内、社外とさまざまです。

他社にないのは自主研の活動ではないでしょうか。トヨタ生産方式のカイゼン活動の発表会が自主研です。生産現場、関係会社、サプライヤーでも行われています。

× 上から指示

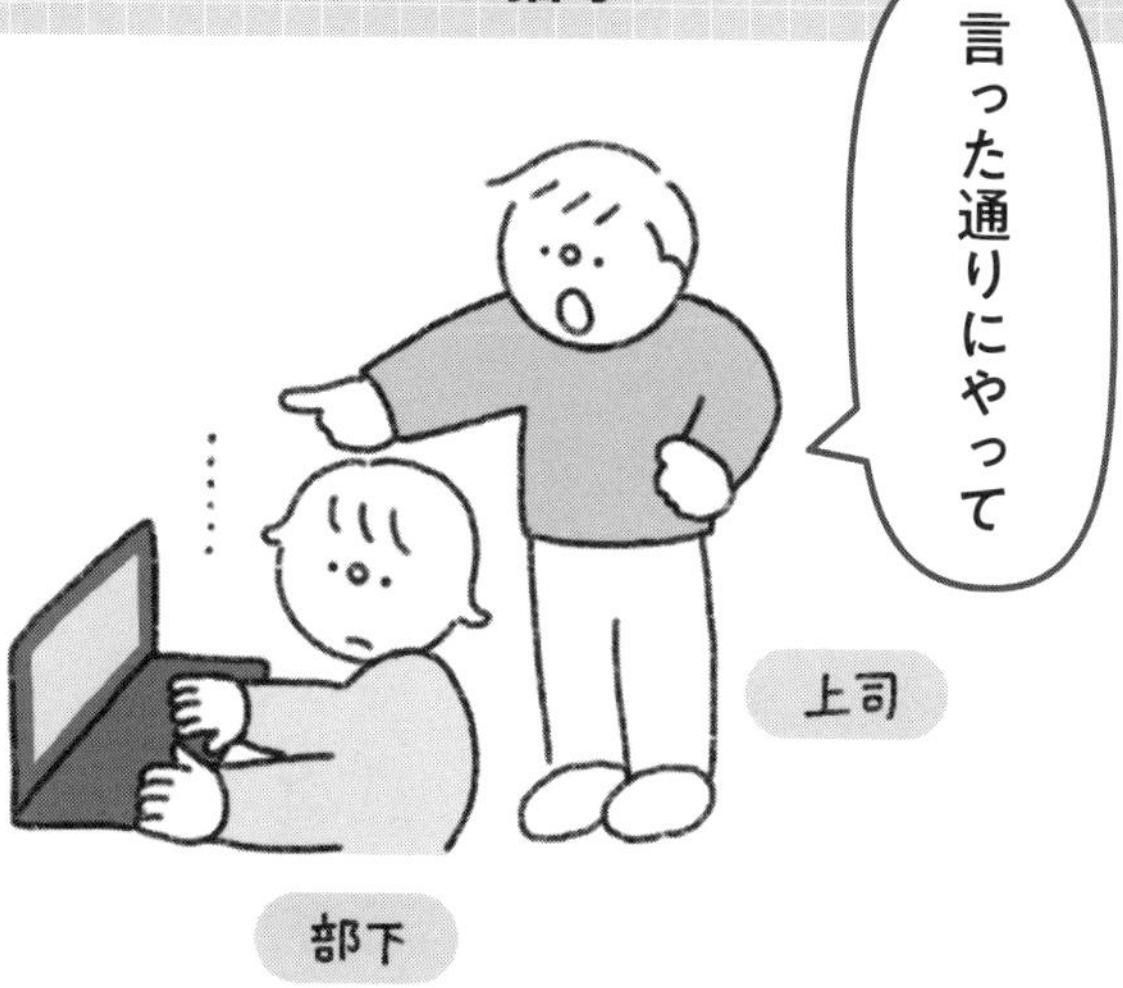

言った通りにやって
……
上司
部下

○ 一緒に考える

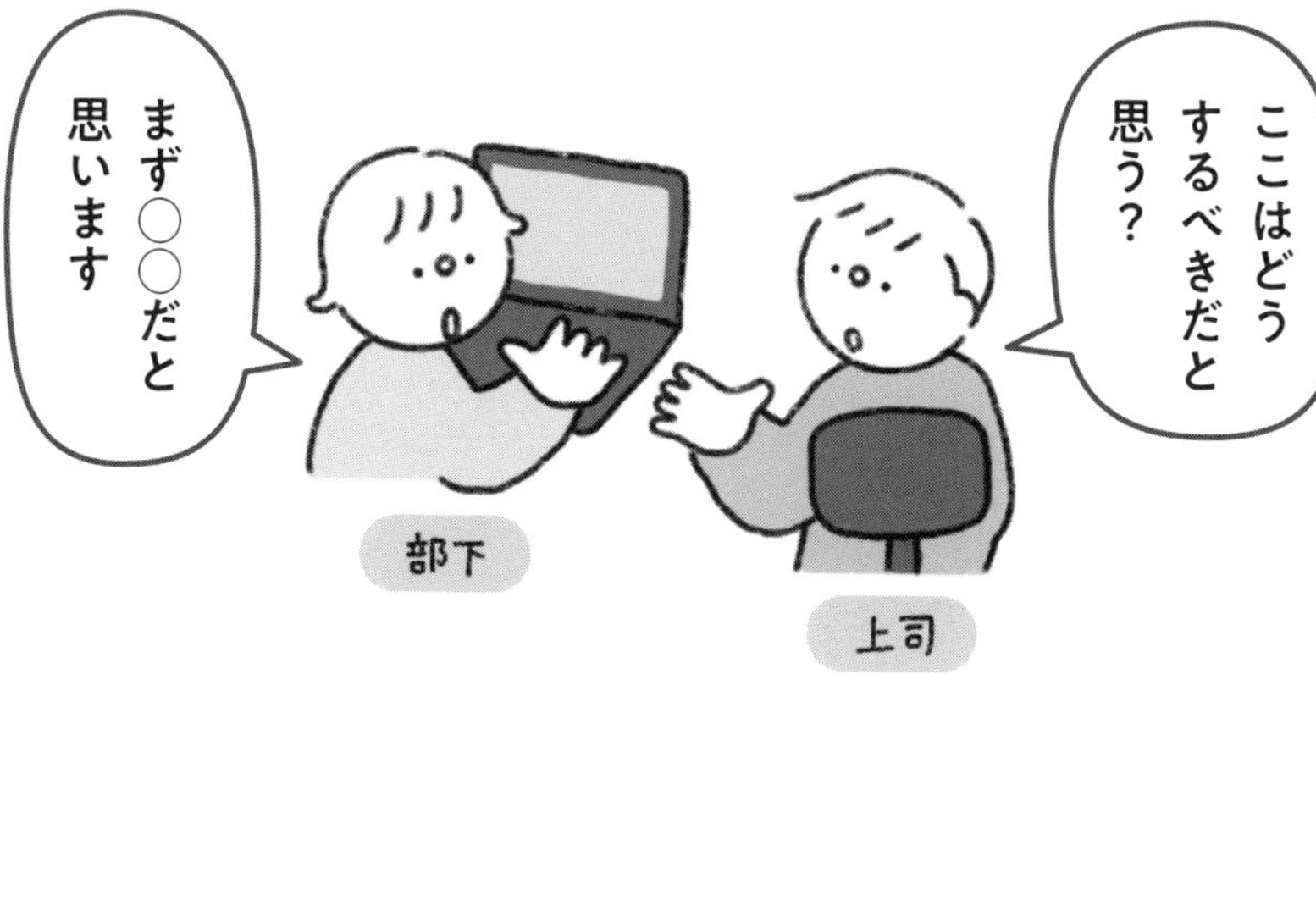

ここはどうするべきだと思う？
まず○○だと思います
部下
上司

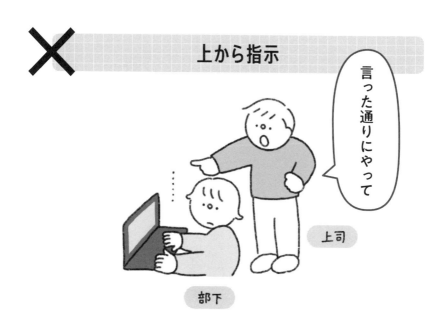

事務技術系と呼ばれる事務や開発の部署でも自主研の活動は始まっています。自主研は日本だけではありません。世界各地で行われています。

これを読んだ人が「トヨタらしい教育だな」と感じるのはやはりトヨタ生産方式に関わるところでしょう。ここではその点をまとめます。

豊田章男会長が定義する「トヨタ生産方式」とは

トヨタの教育、研修で他社との違いがあるとすれば、それは対話を重視していることではないでしょうか。徒弟制度で教育していた当時の気配が色濃く残っているといってもいいでしょう。

トヨタイムズという同社のオウンドメディアを見ると、教育研修の様子がそのまま配信されています。たとえば豊田章男さんがトヨタ生産方式とは何かについて話す時でも、一方的に話すことはしません。まず、研修に来た参加者に質問をします。

こんな具合です。

話しかけているのは豊田さんです。講義はトヨタ生産方式について、豊田さんの解釈を話していきます。

トヨタ生産方式の真の目的は「効率化」ではない

豊田：トヨタ自動車にはやはり創立以来……、いや、トヨタ自動車ができる前からの〝2つの考え方のポイント〟があります。なんだか分かりますか？

受講者A：TPS（トヨタ生産方式）と原価低減です……。

豊田：TPSと原価低減……。隣の人、どう？　分かる？

受講者B：はい……。「ジャスト・イン・タイム」と「ニンベンのついた自働化」……。

豊田：そうそうそう！　これが言ってほしかったの！（一同笑）ジャスト・イン・タイムとニンベンのついた自働化っていうのを、入社以来ずっとその2つが2本の柱とされて、ずっと分かったような気になってると思います。

たぶん分かってる人もいるでしょう。分かった気になった人もいると思います。

だから、今回このTPSの研修にあたり、この基本中の基本である「自働化」とそして「ジャスト・イン・タイム」という2つの言葉の意味を、皆さんと我々でギャップを、ちょっと縮めておきたいなということで、そこだけは私にやらせてもらうということになりました。

（中略）

佐吉少年※が気付いたのは、毎晩、夜なべをしてお母さんが機織り仕事をしていた…、その仕事を楽にできないのかなということ。それが佐吉少年の着眼点だったんです。

〝TPS＝効率化〟と捉えられ、そして、それで「仕事のやり方を変えるんだ」ということが、ほぼ目的かのごとく語られていますけど、目的はあくまでも〝誰かの仕事を楽にしたい〟ということですね。そう考えるのが、一番わかりやすいんじゃないのかなと思います。（トヨタイムズより）

※豊田自動織機創業者の豊田佐吉のこと

集合研修だけでなく、「1対1の対話」を重んじる

豊田さんはわかりやすく、相手を見つめながら、質問しながら話を進めていきます。トヨタの教育とはつまりこれです。対話です。

一方的に知識を授けるのではなく、相手の理解度を見極めながら、それにあった知識や知恵を伝える。大勢を相手に対話するのは簡単ではないし手間がかかる教授法です。しかし、トヨタでは集合研修だけでなく、オンラインなども駆使して対話の機会を作っています。講師になる人たちもみんな豊田さんのように質問を掘り起こしながら進めていきます。大勢が参加する会議より、1対1の対話、打ち合わせを重んじる風土があるのでしょう。

そして、対話とは先生から弟子への一方通行ではありません。先生もまた弟子から学びますし、弟子に教えるために多くの勉強をしなくてはなりません。

「最上の教師とは教えるのが上手なのでなく、生徒と一緒になって学ぶ人をいう」

トヨタの上に立つ人たちは全員がそういう教師を目指しています。

やる仕事

やらない仕事

何度も部下に考えさせる

部下の間違いを自分で直す

トヨタの上司は部下の資料もカイゼンする

部下が上司に問題解決の書類を提出するとします。その場合、トヨタでは出てきたものを採否するだけではありません。

内容を見て、何度もブラッシュアップしていくのです。**たとえ、ダメな書類であっても、上司が直接、手直しするのではなく、部下に何度も考えさせて直させます。一度で受け取ることはまずありません。**

部下にとっては書類を直すことが勉強なのです。「ベター、ベター、ベター」がトヨタの考え方です。上司は少しずつでもカイゼンしていくことの大切さを部下に教えます。

✕ 部下の成長の機会を奪う

部下
メールした企画書、どうでしたか？
上司
あとはオレが直しておくからもういいよ

〇 部下に気づきを与える

上司
この企画書、ベンチマークする相手が他にもいるんじゃないかな？
部下
なるほど……もう一度考えてみます

Ｊリーグ名古屋グランパスエイトの社長、小西工己《こうき》さんはトヨタの常務でした。広報の仕事を長く続けてきた人です。小西さんは２０１７年、名古屋グランパスの社長になりました。それは前年、名古屋グランパスがＪ２に降格したので、再建を託されたのです。

その際、小西さんが活用したのがトヨタの問題解決、そして、書類の書き方でした。小西さんはトヨタ時代から「問題解決の人」として知られる人だったこともあって、たった1年でグランパスをＪ１に復帰させることができました。

部下にチームの予算書を作らせてみると……

小西さんは言います。

「Ｊ１からＪ２に落ちたことのあるチームはうちだけではありません。オリジナル10と呼ばれるＪリーグが発足したころから1部に在籍していたチームでも、降格したことがないのは横浜Ｆ・マリノスと鹿島アントラーズだけ。あとはどこも降格した経験があります。

そして、降格したらなかなか戻ってくることはできないんですよ。発足当時はジェフユナイテッド市原だった今のジェフユナイテッド市原・千葉、元はヴェルディ川崎と言った東京ヴェルディもＪ２のままです。それほど落ちたら大変なんですよ」

小西さんはサッカービジネスのプロではありませんでした。ですが、問題解決は得意です。トヨタにいた時と同じ考え方で指導することにしました。

まず最初に、Ｊ１へ復帰するための企画書と予算書を部下に作成するよう命じたのです。

「収入と支出を考えた予算書を作ってもらいました。

プロのサッカーチームが売り上げを上げる場合、大きな要素が入場料収入です。何人のお客さまに入っていただきたいかということを計画に盛り込むのが重要です。

お客さまの数が多ければ選手もやる気が出ますし、またスポンサーを見つける時に説得力があります。ところが、チームがＪ１からＪ２に落ちると、それまでの常識では観客動員が３割くらい減ることになっていました」

縮小再生産の計画では絶対に昇格できない

「それは対戦相手が川崎フロンターレとか横浜Ｆ・マリノスじゃなくて、選手名を知らないＪ２チームになるからです。グランパスのファンは自分のチームは応援しますが、相手チームの選手をまったく知らないのでは面白くないわけです。また、Ｊ１のほうがコンペティションが激しいし、サッカーも活発です。試合の内容もＪ１とＪ２では違う。それで観客が３割は減るんです」

部下から予算が上がってきました。見ると、観客が３割減った状況での収入という前提で作成された書類だったのです。

トヨタの書類を作成する上でルールとなっている①「現状把握」のところには、「Ｊ２に降格したので、観客は３割減る」とありました。ただし、②「目標設定」は「Ｊ１に復帰する」と書いてありました。

小西さんは部下と対話することにしました。どういった対話だったのでしょうか。

「３割減ることを前提として企画と予算が書いてありました。しかし、それは間違いだと言いました。お客さまが減ることを前提にしてしまったら、計画は縮小再生産になります。

目標は１年でＪ１に復帰することですから縮小再生産では不可能なんです。３割もチケット収入予算を減らしたら、いい選手をとることはできません。何より、昨年の自分たちよりもさらに負ける計画ができてしまう。

そんなの許せませんよ。それで『これではダメだ、やり直そう』と指示したら、今度はマイナス15％の予算になって戻ってきました」

それでも「こうやれ」とは指示しなかった

「私は時間をかけて一緒に考えることにしました。そこがトヨタ的です。こうやれ、こういう考え方にしろとは言わないんです。復帰するために何をやるべきかという本質は自ら考えなくてはいけない。

元トヨタの常務だった男が『こうやれ』と言ったら、その通りにやるでしょうけれど、彼ら彼女らは腑に落ちないです。仕事を部下のみなさんにちゃんと認識していただくために上司は力をフル動員しないといけません。そうでないと、部下は絶対に共感しません。共感してもらわないと経営はできません。上から指示するだけじゃダメ」

小西さんが部下に「なぜ15％減の予算なんですか？」と訊ねると、こう答えたそうです。

「これまで降格したチームの中で一番観客動員が減らなかったのがガンバ大阪です。その時はマイナス15％で済みました」

部下は予算を作るにあたって、ちゃんとベンチマークしていたわけですね。

ここで小西さんは③「なぜなぜ解析」を始めます。問題解決（J1復帰）の切り口として他チームの数字を参考にすることは果たして正しいことなのか、と。小西さんは「最初から予算のマイナスを宣言する限り、復帰はできない」と思っていました。それはそうです。弱いチームが補強もせずに縮こまったまま戦っても同じ結果が出るだけです。

トヨタ式「問題解決」で部下に問い続けてみた

小西さんはもっと予算を増やすための切り口はないかと部下に問い始めました。

「なぜ、他のチームを基準にして予算を作成したのですか？　それは復帰するための予算作成の基礎になるものですか？」

小西さんは部下との打ち合わせを通して、少しずつポイントを教えていきました。

「復帰するためのベンチマークであれば他のチームではなく、J1にいた時の自分たちにすればいいのではないでしょうか?」

J1にいたけれど、負けていたグランパスをベンチマークにすれば、それよりも大きな予算と計画を作ることになります。勝つにはお金もいるからです。

部下はやっと予算を増やす切り口を見つけました。

小西さんは言います。

「J1時代の負けていたグランパスから30%も予算を落としたら、絶対に勝てません。勝つためには負けて降格した時の自分たちよりも、むしろ、大きな予算でないといけないんです。観客動員も増やす計画でなければならないんです。

ただ、答えを私が言ってはいけないと思いました。そこで、部下が思いつくように私が話をするわけです」

「自分で思いついたことは体にしみ込む」

「『ベンチマークするのは他のチームではないと思う』と伝えました。いろいろディスカッションしていくうち、『昨年の自分たちを超えます』という言葉が出てきて……。よし、その言葉を待ってたんだぞ、と」

何でもかんでも上司や先輩が教えてしまえば身につきません。一方、答えを自分自身で見つけた経験は自信につながります。上司の仕事とは部下に気づいてもらう機会を多く作ること。答えだけを教えることではありません。

また、「あなたのいいところはここです。ここをもっと伸ばしましょう」といった個人のキャラクターまで指摘するような細かい指導をすれば上司は仕事をした気にはなるでしょう。しかし、実際の仕事の場面では個人のキャラクターが大きく影響を及ぼすことはほとんどありません。

小西さんは「自分で思いついたことは体にしみ込みます」と言います。トヨタの教育とはそういうものです。答えを教えるのではなく、問題の解き方に気づいてもらう。問題解決の切り口はいくつもあることを自覚してもらう。

そうすれば、どこの会社に転職しても、問題を解決することができます。

Ｊ2リーグで初めてＪ1時代の前年の観客数を超えた

さて、ではグランパスがＪ２に降格して、予算はどうなったのでしょうか。翌年は復帰できたのでしょうか。

小西さんは教えてくれました。

「予算は前年より増やしました。観客動員を増やすことに集中しました。私はあの年、毎日のように試合のみならず練習も見ていました。結局、観客動員は前年の１０４％くらいで、Ｊ２に落ちたのにＪ１時代の観客数を超えたんです。Ｊリーグ史上初のことでした。そして、Ｊ１にも復帰しました。ただ、Ｊ２で3位だったんです。1位、2位だと自動昇格なんですが、3、4、5、6位はプレーオフ。その中から1チームです。しかし、なんとか勝ち抜くことができました。

もうほんとに疲れました。最後の最後まで、ハラハラドキドキで。これぱっかりはもう見守るしかないですから。しかし、みんなの努力のおかげで結果を残すことができました。ありがとうございました」

COLUMN

トヨタの教育

「子どもは、どうしてミルクは白いの？と聞くだろう。お前はどうして、ミルクが白いと思う？」

名古屋グランパスエイトの社長、小西さんが教わった林南八《なんぱち》さんもまた学ぶのが好きな、教え上手な先生でした。林さんはトヨタ生産方式の伝道者として同社では有名な人です。

林さんは小西さんに目を付けました。

「小西、お前がケンタッキー工場に送るトヨタ生産方式のマニュアルを作れ。もちろん英語版もだ」

小西さんは「大変な役目を背負わされた」と感じたそうです。林さんの教え方について、小西さんはこう言っています。

「徒弟制度の延長でした。寿司屋のおやじが若い職人を育てるみたいな感じで。苦労して育てた分しか育たないというのが林さんたち先輩方の教え方の基本でした。ひとりが30人を集めて座学で形式知になったものをぱっと教えたって、どうせすぐに頭から抜けるだろうというのが根本にあったと思います。

とはいえ、私は学んだことをグローバル化しなきゃならなかった。英語化もしないといけない。『ラインの横で作業者を見とれ、立っとれ、見たらわかる』では海外のトヨタ社員には通用しないわけです。

そこで僕は苦労の末に『トヨタ生産方式に基づく問題解決』という教材、原理原則のテキストを作るに至りました」

「小西、どうしてミルクは白いと思う?」

広報とトヨタインスティテュートという教育研修セクションの仕事をしていた小西さんは国際人事部時代約1年間、週に2〜3回、林さんから教育を受けました。1対1の膝詰めの教育でした。

小西さんは思い出します。

「初めての時、林さんからこう言われました。『小西、子どもは、どうしてミルクは白いの?と聞くだろう。小西、お前はどうして、ミルクが白いと思う?』

もう、ぜんぜんわからない。でも、そこから始まるんですよ。『それは牛からとれるからだ』と答えたとします。すると、『牛からとれたらなぜ白いの？』とまた聞かれるんです。私はそこで立ち往生。すると……『小西、子どもは何でもなぜ、どうしてって聞くだろう。あれが問題を解決する入口なんだ』。

『大人になったらそんなの当たり前だろうとか、そんなになぜなぜってやっても意味がないと言う。だから大人は成長せんのだ。子どもはすぐになぜと聞く。だから成長する。トヨタの社員は成長するために、なんでも、なぜと聞くんだ。いいか』

つまり、「なぜなぜ解析」の重要性を教えてくれたんです。

仕事とは考えることで、考えるとは、その前になぜ？と素朴に疑問を持つことなんです。

林さんはどんなことにでも問題意識を持たないと成長がないんだと伝えたいために、『どうしてミルクは白いんだ？』から始めて1時間も2時間も私に話をしました。それだけやられれば一生忘れませんよ」

モノを相対的に見ていては、本質は見抜けない

林さんは翌日、小西さんに訊ねたそうです。

「『小西、俺は今コーヒーカップの取っ手を持ってる。この取っ手はどこに付いとる?』

僕はカップの右側ですって言ったら、林さんは嬉しそうな顔をして、『お前はちゃんと考えとるのか? じゃあ、反対の手で持ったらどうだ?』。

あ、はい、左です。すると、また嬉しそうな顔で、『俺は今、本質とは何ぞやをお前に教えてる。こうやったら右、こっちは左って、お前はちゃんと考えとるのか?』と。

そうかと思って、『取っ手はカップの外に付いてます』と答えたら、『そうだ、初めからそう言え。本質を見抜く力についてしゃべろうと思ったから、この話をした。右とか左と答えるのはモノを相対的に見ているからだ』。そんなことを半日かけて教えるんですよ」

トヨタの教育とは、ここまで徹底してやるそうです。結局のところ、手間をかけなければ本質を伝えることはできないと思っているのでしょう。トヨタ生産方式を広めるために講義だけを行うのではなく、自主研の場を作り、発表会を行う。発表会の前にはリハーサルを行う。そうして、手間をかけ、時間をかけて会社とは何か、仕事とは何かという本質を伝えるのがトヨタの教育です。

やる仕事

注意はふたりきりで

やる仕事

褒めるのは第三者経由で

部下に注意する時、褒める時のポイントは？

プレゼンの名人、作詞家、プロデューサーの秋元康さんから、かつてこんなことを聞いたことがあります。

「プレゼンで重要なのはそのプランのネガティブなポイントを相手にちゃんと伝えることです。ただし、ネガティブポイントをカバーする方策も付け加える。そうすると、相手は信頼する」

○ 他の人がいない場所で注意する

○ 他の人を経由して褒める

リスクを書いていない企画書があります。書いた人は失敗した時に失うものが何なのかがわからないのでしょう。

相手が企画書を精査する時、見るポイントは成功した場合のケースだけではありません。失敗した時、どうするかがあるかないかを見ているんです。

ＫＩＮＴＯ社長の小寺さんは部下に注意する時、次のようにしているそうです。

「みなさん、ご存知かもしれないけれど、**部下に注意する時はふたりきりになって直接やります。逆に褒める時は第三者経由で褒めます。**誰かを褒める時に同じ課の人間に『ヨシムラってやつ、すごくいい仕事をするよね』と飲み会の場で言うとか。人は人づてに褒められたことを知ると嬉しいんですよ。まあ、トヨタに限らず、みなさんやってらっしゃることだと思いますけれど」

そうですね
ヨシムラって
すごくいい仕事をするよね

やらない仕事 ✕

やる仕事 ○

条件でしばる

条件をはがす

もし、ジャイアンツに勝てる球団を作るとしたら……

ＫＩＮＴＯ社長の小寺さんは言います。

「ある先輩幹部から教わったのですけれど、『上司の役割は部下の持っている制約条件をひとつずつはがしていくことだ』と。

部下に何かを指示する。できませんと言ってくる。それに対して、上司は制約を外してやる。

✕ 部下の仕事を制約だらけにする

○ すでにある制約を外してあげる

お金が足りないのだったら、じゃあ、もう少し予算を出す。人が足りないのだったら、部下を付ける。もしくは部下を採用してもいいよと言う。外部の人を雇ってもいいとも言う。

そうやって制約をはがしていくと、『世の中にできない仕事なんてないんだ』と、その先輩は言ってました。

たとえば、読売ジャイアンツに勝てるような野球チームを作ってみろと部下に言う。『できるわけないですよ』って返ってくる。上司は『本当にそうか。では、阪神タイガースを買ってやる。大リーガーも連れてきてやる。ピッチャーと指名打者は大谷翔平だ。これならジャイアンツに勝てるだろ』。これがトヨタの考え方なんだって言われました。

僕には大谷を連れてくることはできませんけれど、部下が『できません』と言ってきたら、制約条件は外してやろうと思ってます。部下には制約条件なしで考えろと言ってます。

やりたくない理由を探してきて、できませんという人、いるでしょう。それには次々と制約条件を外して、とにかくやってみろと言うしかない。上司が『なんでお前はやらないんだ』と怒ったって、部下はプイって向こうを向いてそれで終わり。怒ったって仕事にはなりません」

この部下の制約条件を外していくというのは、管理職であれば覚えておかなくてはならないことではないでしょうか。

やらない仕事

「頑張れ」

やる仕事

「頑張るな」

あえて「頑張るな」と声をかける理由

トヨタは合理的な会社です。部下に無理な仕事を命ずる会社ではありません。

KINTO社長の小寺さんは部下に「**大切な仕事をやる時は自然体で**」と伝えるそうです。

「自然体っていう言葉が好きで、心がけるようにしています。人間、肩に力が入ると暴投が出るんです。後から肩が凝ったりもしますしね。

でも、いかに自然体でいられるかとばかり考えてしまうと緊張して体が固まってしまう。自然体になることが難しい。

× 部下が緊張するような言葉をかける

○ 部下の肩の力が抜けるような言葉をかける

柔道では自然体が一番強いとされているそうです。どこから力をかけられても、一番強いのが自然体。だから、気楽にして、力を抜くのがベストなんですけど、なかなかそうはならない。ただ、ひとつ言えることは『よしやるぞ！』と思わないこと。上司も『頑張れ。精一杯やれ』とは言わない。

『いいか、大切な仕事をまかせるから、頑張っちゃいけないぞ。頑張るとお前のよさが消える。だから、頑張るな』。そう伝えることにしてます」

部下に「頑張るな」という上司は多くありません。しかし、トヨタにはそういう人が何人もいます。小寺さんのような経営者が率先して「頑張るな」と言っています。

なぜトヨタの上司は「一生懸命やれ」と言わないか

トヨタで行われている教育、日ごろの現場教育には特徴があります。それは部長以上の幹部クラス（大半）は部下に「一生懸命やれ」とは言わないことです。

かつて、トヨタ生産方式をとりまとめた大野耐一《たいいち》さんは部下に「一生懸命やれ」とは言いませんでした。小寺さんが「頑張れ」とか「特別に対応しろ」と言わないことと似ていますね。

大野さんはこう言っていたそうです。

「**オレは一生懸命やれと言わない。なぜなら、できなかったやつは『僕はできませんでした。でも、一生懸命やったんですよ』と言う。だから、言わない。できるように自分で考えてやれ。そう言うだけだ**」

確かに、一生懸命やれ、頑張れと言ったところで、担当した人間は肩に力が入るだけです。

「一生懸命やれ」という言葉は実効性のない言葉です。言われた部下にとってはやる気が出る言葉ではありません。上司は自分に対して言い訳として使っているだけです。

やらない仕事

作ってから相談

やる仕事

やわらかい状態で相談

パワポを作る前にまず相談すること

ＫＩＮＴＯ社長の小寺さんは、それでも頑張ってしまう部下に対しては「早めに相談に来いよ」と言います。

「担当した仕事を、どの段階で上司に相談するかがとても大切なポイントなんです。トヨタのような大企業だと、カチッとしたものを作って、それで説明しないと上司に怒られてしまうと考えがちです。

本当はそんなことはないんですけれどね。部下はパワポで20、30枚作ってから、『これ

✕ 資料が完成した状態で相談する

◯ 最初の段階で相談する

でどうですか？』と説明に行く。でも、パワポで30枚も作るには時間がかかる。２週間くらいかかるかもしれません。

そうして全面却下ってこともないとは言えない。**ＫＩＮＴＯではパワポを作る前、ひらめいた瞬間に持ってこいって言ってます。やわらかい状態で持ってきていいんだぞ、資料を作る前にまず相談に来い、と。**

口頭で、こういうことをやりたいんですと言ってきたら、それで方向性を出してあげる。その後、詳細を詰めてやるかやらないかを考える。あえて会議ではない、やわらかい打ち合わせです」

２枚目で「ああ、だめだ」と思うこともあるから……

小寺さんは続けます。

「うちの場合、それがほとんどですよ。一番困るのが『オンラインで資料共有します』と連絡が来たとたん、パワポが30枚とか40枚とかある。うわ、今日、全部開いて見なきゃいけないの……。開いてみて、2枚目で、ああ、これはだめだって思うことがあるんですよ。もう、どうしようか、と。

30枚分のパワポを作る時間をかける前に、なんで最初に相談に来てくれないんだろうって思うんです。今はもうそういうことはなくなりましたけれど。上司と部下が一緒になって考えて、作り込めば方向も間違えることは少ないし、ムダが減るんです。それに、上司としては現場のプレーヤーでいる楽しみもある。だから、やわらかいうちに持ってきてもらったほうがいいんです」

やらない仕事

成功体験を真似する

やる仕事

成功体験を疑う

トヨタ社員が教わる「おばあちゃんの七面鳥」の話

トヨタが前例主義、形式主義を排していることは「おばあちゃんの七面鳥」という寓話からうかがえます。トヨタの社員なら大半の人は聞いたことのあるお話ですね。

「お母さんが七面鳥をローストするため、当たり前の手順として、七面鳥の尻尾を切ってオーブンに入れました。

娘が『どうして尻尾を切るの？』と質問したら、母親は『おばあちゃんがそうやっていたの。そうやると七面鳥がおいしくなると教わったわ』と答えました。そういうものなのかと思った娘はおばあちゃんに聞きました。

✕ 昔ながらのやり方に疑問を持たない

そうするとおいしく
焼けるから
昔から尻尾を
切ってオーブンに
入れるのよ
母
娘

○ 昔ながらのやり方が今も正しいのか確認する

なんで尻尾を
切って焼くの？
昔はオーブンが
小さくて入らな
かったからよ
おばあちゃん
娘

『どうして尻尾を切るの？』

すると、おばあちゃんは答えました。

『昔はオーブンが小さくて七面鳥が入らなかったのよ。それで、尻尾を切ってオーブンに入れたんだよ』」

つまり、**昔から行われてきた作業手順を疑ってみる態度が必要ということです。**以前からやっていることが、今の時点でも正しいのか。それを検証しながら仕事をしましょうということの例話なのでしょう。

カイゼンマンは薬剤師ではなく医師である

ＴＰＳ（Toyota Production System）というトヨタ生産方式を全社、関係会社に伝道しているＴＰＳ本部長の尾上さんはわたしに「おばあちゃんの七面鳥」を教えてくれた人です。尾上さんは「僕ら生産調査部自体がつねに自分たちの仕事のやり方を検証し、カイゼンしているのです」と言います。

「生産調査部の人間でも『おばあちゃんの七面鳥』的な失敗があります。それは、あるところのカイゼンで成功経験があると、どこへいっても同じやり方で解決しようとすること。どこでも同じやり方で結果が出るなんてことはないんです。問題が起こったら、ひとつひとつ対処の仕方を考えなくてはいけないんです。

豊田（章男）から言われたこと、それは『カイゼンマンは薬剤師でなく、医師を目指せ』。やってきた患者に風邪ですか、じゃあと風邪薬を渡すだけじゃダメ。患者の症状を見て、それぞれの人に合う処方箋を書く。カイゼンマンは薬を渡すことより、診察して処方箋を渡すんだ、と。それが本当のカイゼンマンなんだ、と。ですから、ある時までは『工程診断』という言葉でカイゼン指導していたこともありました。ただ、『うちの職場の人間は病気ではない』と言われたので、この言葉はやめましたけど」

概して、ひとつの成功体験を他に適用しようとして失敗することは少なくないそうです。簡単に診断して、誰でも同じ処方箋が通用すると思ったら大間違いなんですね。

やらない仕事
ルールを形式的に守る

やる仕事
時には新たなルールを作る

「形式的な入札と相見積もり」を見直しへ

トヨタは形式的な仕事を嫌う実務型の会社です。そんな会社で今、検討され、始まっているのが、形式的な入札や形式的に相見積もりを取ることを考え直すことです。

部品を購入するとしましょう。一般的には1本の釘から先端的な半導体に至るまで複数の仕入れ先（サプライヤー）から提案してもらうことになっています。担当者は提案された部品の品質と値段を厳しくチェックして、どこの会社の部品を採用するかを比較検討して決めます。公平ですし、良質の部品がリーズナブルな価格で入手できるのが入札です。

✕ ルールを守るためにムダな作業をする

○ 新たなルールを作ってムダを省く

しかし、ある種の部品に関しては入札をすること自体にほとんど意味がないというものもあります。

たとえば、ある会社がマーケットシェアの大半を獲得している部品があるとします。その会社が命懸けで開発し、長年、研究開発して質を上げた結果、市場の過半数を奪取してしまった。すると他社はもう戦えません。他社とすれば絶対にかなわない分野で頑張るよりも、自分が勝てる分野の部品にお金とコストをかけようとします。すると、その部品は1社独占に近い状態になってしまう。

スピードを速めるためにあえて入札をやめる

入札をしても、そこしか作っていなければやる意味はないのです。そして、これまでは無理やり、他社に入札に参加してもらったことがなかったとは言いません。公平性を担保するには入札が必要という前例があったからです。

しかし……車の部品は3万点とされています。そのうち7割は外注部品です。調達側が外注品のすべてを入札したり、相見積もりを取っていたりしたら、手間とコストは膨大になってしまいます。

そこで、ある業務カイゼンチームは「即決型の拡大」と題して、入札を見直すよう提案しました。

つまり、**事実上、1社しか作っていない部品に対しては、他の部品と同じように入札方式にするのではなく、相対して交渉する方式に変えたのです。**相対して交渉する方式を「アルファ型」、そして、入札する調達方式を「ベータ型」と分類した提案でした。

リードタイムを削れば、周辺の仕事も減らせる

アルファ型とは事実上、その会社しか作っていないとか圧倒的な競争力を持っている部品です。にもかかわらず、やるべき仕事を同じようにやって、なおかつ、競合する数社にお願いして参加してもらってコンペをやらざるを得なかった。

コンペをやることによって価格が安くなることを期待したのだけれど、競合する他社はその部品を多くは作っていないわけですから、安くはなりません。

そうすると、コンペをするだけ時間とお金がもったいないわけです。そういう部品については即決しようとなったのです。そうすればやらなくていい仕事が減ります。

トヨタは合理的です。仕事を増やそうとしません。リードタイムを短くするのが同社の「鉄の掟」みたいなものですが、リードタイムを短くすれば付属する仕事が減ります。どうしてもやらなければならないことだけをするようになります。

部品調達のコンペの改廃についても、こうした考え方が根本にあるのです。

「多忙な人間＝有能」は本当か？

ビジネスパーソンの中にはいまだに多忙な人間が有能という誤解が蔓延しています。

「あいつはいつも忙しい。なるほど頑張っているのだな」
「彼女は毎日遅くまで残業している。頼もしい」

しかし、忙しそうな人の仕事を見ると、ほとんどはやらなくてもいいことだったりします。有能な人、仕事の本質をわかっている人は仕事を増やそうとは思っていません。

部品調達の話、呼び名についての話に戻ります。

ある部品作りにしのぎを削り、シェアが拮抗しているような会社がある場合はコンペをきちんとやります。そして、そちらはベータ型と呼んでいました。

ですが、カイゼン指導に入った同社のエクゼクティブフェローの友山茂樹《ともやましげき》さん、そして尾上さんのふたりが次のように決めました。

「アルファ型、ベータ型という言葉ではみんなに伝わらないから、アルファ型を即決型と呼ぼう。ベータ型はコンペをやるのだから、特に言葉を用いなくていい」

即決型かそうでないかを決めるのは調達本部のプロたちです。彼らがきちんと決めています。また、従来の車種に対する部品は即決型を適用しますが、車種が変わったりした場合は即決型の部品を作っている会社であってもコンペをやることにしています。

この即決型の拡大はトヨタに限らず、どの会社でも適用できるカイゼンではないでしょうか。部品調達の本質とは良質な部品を適正な価格で調達することにあるのですから。

こうしたカイゼンは従来の仕事に慣れ切った人間には思いつくことができません。トヨタでさえ、まだまだ「おばあちゃんの七面鳥」は残っているのです。従来からある仕事は時々、新鮮な目で見直すことが必要です。

やらない仕事

やみくもに問題を探す

やる仕事

わざと不安定にして問題を炙り出す

カイゼンのプロが教える「問題の見つけ方」

TPS本部長の尾上さんは「問題の見つけ方」について、こんなふうに教わってきたと言っています。

「新人のころは『問題を見つけろ』と言われても、そもそも問題点がよくわからないのです。生産ラインの横に立たされていたら、ラインには部品が流れてきて、ちゃんと自動車ができている。問題点がわからないからカイゼン提案ができない。すると、先輩に言われました。

✕ 安定している状態で問題点を探す

作業 C
作業 B
作業 A
特に問題
なさそうだなぁ

◯ 問題点を探すためにあえて不安定にする

作業 C
作業 B
作業 A
作業Aの負担が大きかったんだ

『氷山は海に浮いていて、山頂だけが見えている。全体を見ようと思ったら海水のレベルを下げなくてはいけない』

いかに問題が見えるようにするか。先輩は『10人でやっていた工程からひとり抜いてみろ。あるいは1時間でやっていた仕事を50分にしてみろ』と言いました。

これまで10人でやっていた作業を9人にすると、最初はひとりひとりの作業が増えます。どこかの工程だけが時間がかかり、遅れてしまう。すると、そこに問題があるんです。10人でやっていた時は問題が見えないよう、それぞれがカバーしていたわけですね。

このように**問題点を見つけるためには組織をわざと不安定にして、作業を少し増やしてみたりします。**これは生産現場だけではありません。事務の仕事でも3人でやっていたことをふたりにすれば問題点が見えてくる。カイゼンは現状をただ見ていてもできません。現状を不安定にしてみると、わかりやすくなるんです」

あえて不安定にすることで問題点を炙り出す

尾上さんが言うように、作業がいつもそこで停滞しているといったようなあきらかな問題点はすぐに見つかります。

深いところに隠れているものはあえて状況を不安定にして見つける。見つかったらカイゼンする。スムーズに流れるようになったらまた不安定にする。安定しているからといってそれは問題がないということではないというのがトヨタの考え方なのです。

そこまで自らに厳しくしている組織がトヨタなのです。世界と戦って生き残るためにトヨタは限界までやるのです。しかし、このことをトヨタはなかなか外に対しては言ってきませんでした。

また、「仕事や作業を意識的に不安定な状態にして問題点を見つける」ことは個人レベルでも行うそうです。納期が先であっても、とにかく仕事を早く仕上げることに集中する。そうしていると、どの部分が遅れやすいかわかる。

トヨタの強さはここにあります。他人に指摘してもらうだけではなく、自ら問題点や弱いところを発掘して直していくのです。すごい会社だと言わざるを得ません。

やらない仕事

口だけで「その作業はムダ」と伝える

やる仕事

流れ図を見せてムダな作業を省く

「モノと情報の流れ図」の本当の目的

業務カイゼンのツールとしてトヨタが使っているのが「モノと情報の流れ図」です。「モノ」の流れと、「情報」の流れを1枚の図にまとめたものです。

書き方は、何よりもまず現場に行って作業を眺めます。そして、やっていることを理解したら、あとはモノの動きを示す矢印と、情報の動きを示す矢印を記していけばいいだけ。

モノと情報の流れを1枚にする理由は全体を眺めることの重要性です。ひと目で全体を見れば、仕事のダブりとムダがあらわになるからです。

× いきなり作業のムダを指摘する

検品する必要はないよ！
いやいや、ここで検品しないとダメなんですよ

○ 流れ図を見せて作業のムダを理解させる

工程Cで検品をやってるからここでは検品する必要はないよ
モノと情報の流れ図
本当だ、ここでの検品はムダですね

たとえば、長い生産ラインの途中と最後で検品をやっていることがわかったりします。それなら、最後に1回やればいいじゃないか、もしくは、工程の中で作りこんで、自動的に検品もできるようにすれば、検品単体の仕事は要らないじゃないかとなるわけです。

1枚の図にしてみればわかることがあります。

一番大切なのは「滞留」を見つけること

人は「自分がやっている仕事は絶対にやらなくてはならないことだ」と思い込みがちです。しかし、モノと情報の流れ図を書いてみれば、重複した作業だったり、ムダな作業だったりと自分自身で納得することができるのです。

「ムダだからやめろ」と言われるより、事実を突きつけられたほうが納得してムダをやめることができます。そして、モノと情報の流れ図を書くことは、仕事をする時の視野を広く持つことに役立ちます。

現場を広く見つめ、そこから問題点を探す。図の完成よりも、書くために見ること、見た後にまとめる行為に意味があるのです。

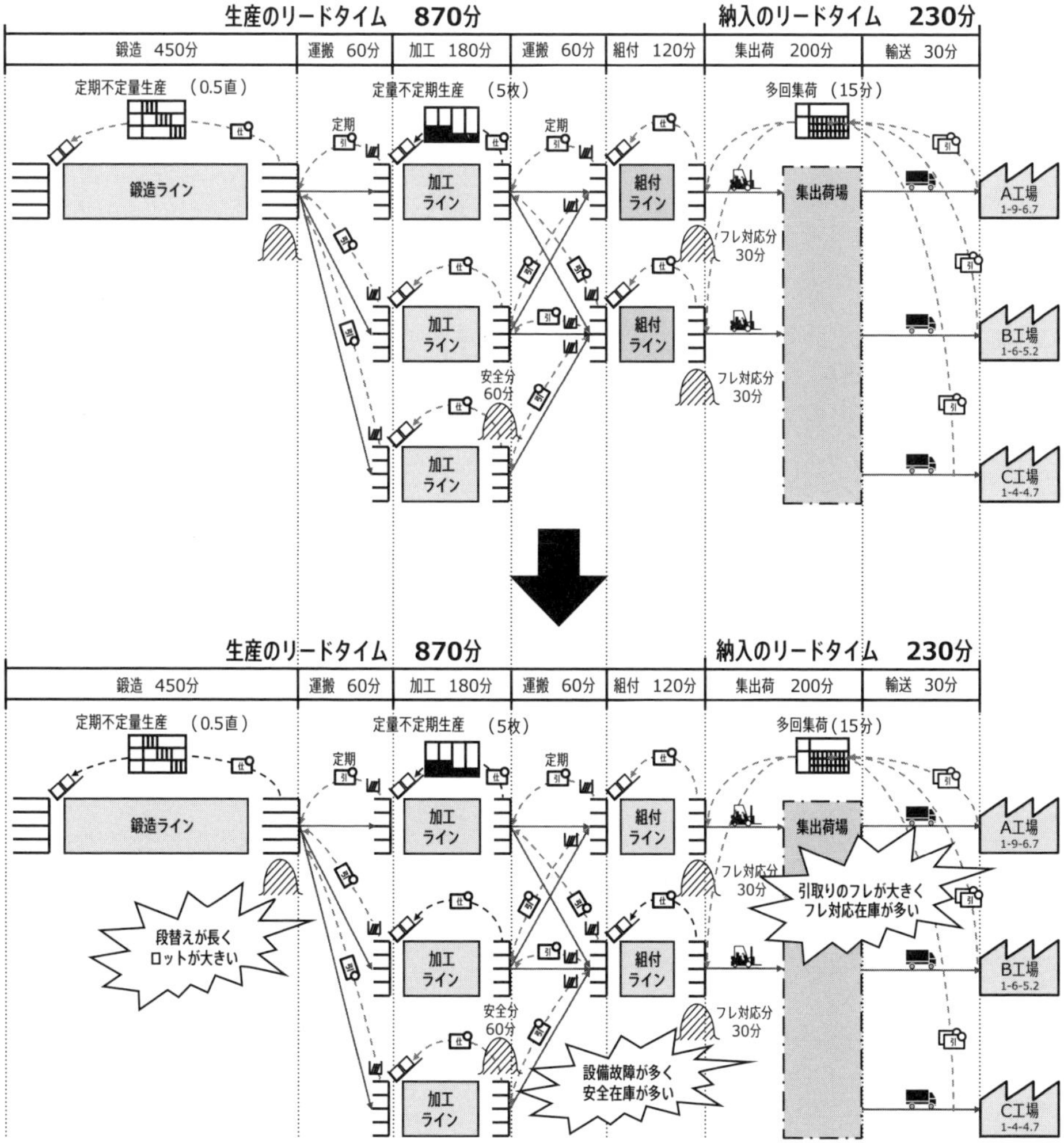

モノと情報の流れ図を見た指摘（提供：トヨタ自動車）

モノと情報の流れ図については検索すると、トヨタOBが解説しているそれがたくさん出てきます。しかし、現在、トヨタの人たちが書いているものは非常にシンプルになっています。

まず工程が書いてあります。そこに線で部品、仕掛品《しかかり》（モノ）、生産予定の数値（情報）が表現してあります。そして、一番大切なのは山の形をした記号です。山の形はそこにモノもしくは情報が滞留していることを表します。

3カ月かかる仕事も3日で終わらせる

実際に生産現場へ行くと、山の形があるところに部品がいくつも並んでいたりします。そして、モノと情報の流れ図を見ながら、滞留のある場所をどうやってなくすかを考え、実行に移します。たとえば、仕事がやりづらくて滞留しているのであれば、やりづらくならないようにカイゼンするのです。重い部品を持ち上げる動作が続く工程であれば補助具を用意して、部品を軽く感じるようにする。あるいは重い部品そのものの質を下げることなく、重量を軽くする……。カイゼンの方法はいくらでもあります。

カイゼンの方法を考える。それが問題解決です。トヨタの社員の仕事は現場へ行くこと、現場でモノと情報の流れ図を書くこと。現場と図を見ながら、なぜなぜ解析をする。そして、問題を解決してカイゼンするのです。

仕事はたったこれだけ。

他の会社であればチーム編成をして、打ち合わせと会議を繰り返して、全員が現場へ行くことはありません。そうして、ようやく書類を作成して、発表して、幹部の認可を得て行動に移します。それをＰＤＣＡなどと表現しますが、スピード感がまったく違います。他の会社が３カ月かかることをトヨタは３日で終わらせます。そして、２回目からは「３日でなく２日でやろう」と決めてから問題解決にのぞむのです。

やらない仕事

ただきれいにするための掃除

やる仕事

製品を汚さないための掃除

4Sの目的は製品を汚さないこと

どこの会社でも掃除をやります。特に生産現場では職場環境をきれいな状態に保つために気を配っていることと思います。

トヨタの生産現場でもそれは同じ。一般の工場と同じように整理、整頓、清掃、清潔を大切にしています。4つの作業をローマ字読みにした頭文字を取って4Sと言います。

まず、整理とは要らないものを捨てることです。

整頓とは必要な部品、工具などをすぐに取り出せるような状態にしておくこと。そのためには棚を分類し、わかりやすい表示をしたりしています。

× 愛社精神の証として掃除する

○ 仕事をしやすくするために掃除する

清掃とは文字通り、掃除をして、あたりをきれいにすること。
最後に、清潔とはきれいな状態を保つこと。

わたしはトヨタの工場を百回以上、見学しています。国内だけでなく海外の工場も見ています。そこで気づいたのは、「チリひとつ落ちていない」ほど、きれいにしているわけではないことです。

床をピカピカになるまで拭いたり、トイレの便器まで磨き上げることが会社への忠誠の証と思い込んでいる時代錯誤の人たちがいます。

しかし、その人たちはわかっていません。会社とは仕事をするところ。掃除はあくまで手段です。

そして、トヨタの4Sの目的は仕事しやすい環境を整えることであり、製品、つまり車を汚さないことにあります。

ふたつのエピソード

4Sに関してはふたつのエピソードがあります。
創業者の豊田喜一郎は工場に来ると、つねにこう言っていました。

「トヨタはナッパ服精神だ。

やれエンジニアだ、工場長だといって、きれいな作業服できれいな手でいたのでは人はついてこない。現場で手を汚せ」


豊田喜一郎は服や工具をきれいに保とうとするのは間違っていると考えていました。油が染みついた服装、汚れた手で働くんだと言い、その代わり、製品を汚さないために「毎日、10回以上、手を洗え」と教えました。しみがついた作業服はトヨタで働く人の誇りなのです。


もうひとつ、エピソードがあります。

豊田喜一郎のもとで「トヨタ生産方式」を体系化した大野耐一さんは、部下が恐れる人で、存在自体がコワいというので有名でした。ただ、大野さんは無闇に怒鳴りつけたり、叱ったりする人ではありません。

ミスをしたり、間違ったことを言うと、ただ、じっと見つめたそうです。確かに、文句を言われるより、そっちのほうがコワいかもしれません。

ある日、ひとりの作業者がタバコを吸いながら、自動車の組み立てラインで働いていました。昭和の話です。寿司屋の職人がタバコを吸いながら寿司を握っていたのが当たり前の時代でした。

作業者を見た上司は慌てて言いました。

「おい、早くタバコを消せ。こんなところをひげのオヤジ（大野さん）に見られたら、何をされるかわからん」

すると、上司の後ろに大野さんがいて、すべてを見ていたのです。

上司の顔からは血の気が引いた……。

大野さんは上司に向かって言いました。

「いいじゃないか。タバコの1本くらい吸わせてやれ。製品（車）を汚すのはよくない。だがな、タバコを吸いながら仕事をするのが俺たちの理想じゃないか」

繰り返して言いますが、**掃除そのものは目的ではありません。製品を汚さないこと、そして、職場環境を整えること、さらに考えながら掃除をすることが目的なのです。**

トヨタでは掃除の方法でさえもカイゼンします。判で押したように毎日、同じ掃除の仕方をするのではなく、少しでもカイゼンして短い時間で切り上げるのがトヨタです。トヨタでは掃除をすることに精神的な価値を求めてはいません。掃除をしたからといって人間性がよくなるわけではないからです。

きれいを保つ場所はある

掃除の目的は製品を汚さないことですが、環境自体を清潔にしているところもあります。たとえば従業員食堂であり、トヨタ記念病院であり、もうひとつは昔、出していた車に使った金型を保管しておく倉庫です。

従業員食堂や病院の環境をきれいに保つのは、それが目的だからでしょう。食堂は環境がきれいでないと食欲がわきません。病院もまた環境が清潔でないと患者は不安になります。どちらもきれいにしておかないと利用者が減り、仕事ができなくなります。

では、かつてリリースしていた車種の金型倉庫をどうしてきれいにしているのでしょうか。わたしはそこに自動車会社としての矜持を感じます。

トヨタが1970年代、80年代に出していた車に乗っているユーザーは少数でしょうが、今でも愛車として扱っている人がいます。

たとえばトヨタ2000GT。映画『007は二度死ぬ』でジェームズ・ボンドが乗ったトヨタ2000GTのオープントップカーは世界に2台しかありません。ノーマルの2000GTでも最低価格1億円といわれています。これだけではなく、セリカ、カリーナといったかつての人気車もまだ乗っている人がいます。

彼らは古い車を大切に乗って、そして、部品が切れると販売店に問い合わせます。すると、販売店はトヨタに連絡する。トヨタは倉庫から金型を探し出して、部品を作りユーザーに提供するのです。

あまりに古い時代の金型はありません。しかし、残っているものは少なくありません。中には10年に一度しか使わない金型だってあるでしょう。それでもトヨタは保管しています。昔、売り出した車に乗っているユーザーがいる以上、安全に走ってもらうことが自動車会社としての義務だからです。

金型が変形したり、汚れてしまえば部品を作ることができません。ですから、ことさらにきれいにしておくのです。

こうしたことは報道されたことはありません。それでも彼らはちゃんと保管しています。

おそらく、最近、スタートしたばかりのEV専業企業では、金型を保管しておくようなことはしないでしょう。何年も取っておいたからといって儲かるわけではないからです。

しかし、ユーザーは「儲からないけれど、部品の金型を残している」会社を信頼します。「愛車」に乗りたい人は、そういった会社の車を買うのです。

トヨタは長く仕事をしていきたいと思っているから、アフターサービスに完璧を期すのでしょう。

COLUMN

トヨタの工場

現場のことをよく知るための掃除

今はやっていませんが、工場でかつてやっていた「宝物探し」と呼ばれたトレーニングがあります。

トヨタに入社して工場の技術員室に「技術員」として配属された人であれば大多数は経験しているでしょう。技術員とは大卒の社員がやる仕事で、工場における技術的なサポートを行うこと。現場で作業をする作業者を助ける仕事です。

そして、「宝物探し」とは「1本のねじを探してこい」というものでした。

上司は新入社員の技術員に1本のねじを見せます。

「いいか。これと同じねじを探してこい」

新入社員は「なんだ、簡単じゃないか」と思います。しかし、上司は付け加えます。

「ただし、絶対に人に聞いてはいかん。自分の目で見つけろ」

それでも、新入社員は「簡単だ」と思い、工場の中へ行きます。そこで、愕然とするのです。

自動車工場で使うねじの種類は10や20ではありません。100や200でもありません。形、長さ、色などが違うから数百種類にもなるのです。それを働いている人に聞かずに、自分の目を頼りに同じ形のねじを探さなくてはなりません。1日では無理です。少なくとも3日から5日はかかります。

なぜ、そんな手間のかかるトレーニングをするのか。

ねじを探しているうちに新入社員は3つのことを覚えます。

ひとつは工場の配置です。どこにどんな機械が置いてあるのか。近寄ったら危ない場所はどこか。人に案内されているだけではわからない工場の中の施設の配置がわかるのです。

ふたつめは作業者と話をすること。ねじの場所を聞くことは許されませんが、そこで大勢の作業者に挨拶をして、「新入社員だ」と伝えることができます。ねじを探しながら、自己紹介をしているようなものです。ねじを探すのに、1週間以上もかかったら、かえって名前を覚えられて得をするかもしれません。

みっつめは一番大切です。

「真剣にモノを見る」ことの訓練なのです。ただ見るのと、必死になって、ねじを探すのでは違います。真剣に見つめていると、工場の機械の配置、作業者の手の動かし方、やりにくい作業をやっていないかどうかがわかってきます。

そのために、「宝物探し」研修をやるのです。

繰り返しますが、わたしはこれまでに百回以上もトヨタの工場を見学しています。一度の見学で2時間はかかります。それでも内部の様子に詳しいとは思っていません。まして、1本のねじを探すなんてことはできないと思います。

そして、宝物探し研修を聞いた時、納得したことがありました。これまで、トヨタの工場を見学して、一度たりとも天井灯が切れているのを見たことがないのです。

自動車工場はひとつの建屋で数百人が働いています。照明の数も相当なものです。最近はLEDになりましたから照明の寿命は長くなっています。それでも広い工場ですから、1灯くらい切れていいはずです。しかし、たったの一度も、天井灯が切れているのを見たことがないのです。

ある時、訊ねてみました。答えはこうでした。

「朝、来た時に照明をつける。ひとつでも切れていたら交換する。それだけのこと」

確かにその通りなのです。誰でも、どこの会社でもできることなのです。しかし、「誰かが交換するだろう」と考えて、自分は換えない。

それが普通の会社です。トヨタはそんなことはしません。見つけた人がその場で、その瞬間に交換する。一番シンプルな解決法です。

ねじが落ちていたら拾い上げる。それで終わりではない

ねじの話ではもうひとつ象徴的なことがあります。それは、トヨタの工場では床に落ちているものは絶対に使わないのです。

掃除をしている時に、ねじが1本、落ちていたとします。見た目も中身も新品です。それでも絶対に使いません。落ちて衝撃を受けていて、ひょっとしたら強度に問題があるかもしれないからです。使用するのが不安な部品は使わない。これは鉄則です。

ねじだけに限らず落ちている部品は絶対に使わないのです。そして、落ちているのを拾ったら、そこから考えます。

「どうして落ちていたのか？」

「どこから落ちたのか？」

真因を追求します。

部品棚に穴が開いていて落ちたのかもしれないし、自動搬送機械が揺れたのかもしれません。真因を追求し、対策を施すのです。部品を拾って終わりにするのではなく、二度と落ちないようにすることがトヨタが掃除を通してやることなのです。

トヨタのトップが頭を下げるもの

豊田章男さんは時間が空くと現場の長老である河合満おやじ（元副社長）とふたりで工場にやってきます。工場の中を見て回って、休憩している若い作業者と缶コーヒーを飲んだりしています。

仕事をしている作業者たちは豊田さんが来たからといって持ち場を離れたり、挨拶したりはしません。豊田さんとおやじが「おはよう」と言っても、こくんとうなずくくらいです。それに対して、豊田さんもおやじも怒ることはありません。仕事優先だからです。幹部にいいところを見せようとは思っていません。これは見学者に対しても同じです。

おやじとわたしが工場へ入っていったとしても、作業者たちはいつもと同じように仕事をしています。

歩行帯ですれ違った時、「おお、おやじか?」と笑いかける若者がいたと思えば、「後でコーヒーおごってくれ」と言って手を振ります。

働く素振りをしている者はいないのがトヨタの現場です。みんな、ちゃんと働いています。なるべく早く切り上げて家へ帰ろうと思ってさくっと働いています。

そんなトヨタの工場で見かける標語はひとつだけ。

「よい品、よい考」

頑張ろうとか、目標必達のようなわざとらしい言葉、押しつけがましい内容のことは標語にしません。上司も「頑張れ」とか「一生懸命やれ」とは言いません。叱責もしません。

「結果を出せ」

「プロなんだから、プロの仕事をしろ」

これだけです。

そんなトヨタの現場で、いいなあと感じたのは豊田さんとおやじが工場から出ていく時の姿です。ふたりは缶コーヒーを飲んで、話した後、工場を後にするのですが、建屋から出ると、くるりと振り向いて、帽子を脱いで頭を下げます。そして、何事もなかったかのように本社の事務室へ歩いて戻ります。

何気ない動作ですが、それは工場と機械と働く人たちをリスペクトしているから自然にできることなのでしょう。

やらない仕事

生産性向上のために働く

やる仕事

他の誰かのために働く

「他の誰かのために」本気で取り組む

トヨタが大切にしているもの、それは「他の誰かのために」です。なんだ、きれいごとかと言う人もいるでしょう。しかし、組織の目的とは、きれいごとであるべきです。

「売り上げだ」「利益だ」「生産性の向上だ」というのは自分たちさえよければいいという自分勝手な目的です。

企業は社会が必要としなければ長期的に存在していくことはできません。

また、「売り上げだ」「利益だ」と言ってはばからない人は気持ちが緩んでいます。社会

× 利益を上げることを目標とする

○ 誰かの役に立つことを目標とする

がそういう人のことをどう考えるかを想像できないようでは会社を経営していくことはできません。社会のことを見るのはもちろん、自社の目的や理念を語る時は慎重でなければならないし、また、特別に目立つようなことを言わなくていいのです。

社会への貢献、弱い立場の人を思うことを自分の言葉でなく、退屈だと思われてもいいから、普通の言葉で伝えることです。

トヨタは「他の誰かのために」とわかりやすい言葉、どこの国でも通用する言葉で語っています。

新任役員が最初にやる意外なこと

ある役員経験者から「トヨタには神社がある。新任役員の最初の仕事はそこにお参りすること。これは役員になった者だけの仕事だ」と聞いたことがあります。

トヨタの本社工場の中には豊興《ほうこう》神社という神社があります。役員以上がお参りできる神社で、一般の社員は入ることはできません。祀《まつ》ってあるのはトヨタの物故者です。

かつてお参りは元日でしたが、今は正月明けの最初の出社日になっています。経営陣、役員が揃《そろ》ってお参りすることになっています。1年間の物故者、つまり、トヨタで働いていて亡くなった方々を悼み、感謝するためのお参りです。

もうひとつ、トヨタグループが建立した寺があります。蓼科《たてしな》（長野県）の聖光寺《しょうこうじ》と言います。「交通安全の祈願」「交通事故遭難者の慰霊」「負傷者の早期快復」のために建てた寺で、毎年7月の夏季大祭にはトヨタグループの経営陣が集まり、交通安全を祈願します。

他の自動車会社でここまでやっているところはないでしょう。社会的な責任を意識しており、「他の誰かのために」を考えている会社だからこそです。

「歴史と創業者を大切にしない会社はつぶれます」

しかし、社内に神社があることなどは秘密ではないけれど、世の中には伝わっていません。

わたしが話を聞いた役員経験者が話していましたが、「豊興神社にお参りすると、トヨタの歴史をもっと知ろうという意識、社会に貢献しなければいけないという自覚が生まれる」とのことです。

また、豊興神社へは11月3日の創立記念日にもやはり幹部がお参りするそうです。トップが頭を下げ「長年、トヨタのために尽くしてくださって本当にありがとうございます」と感謝するのだそうです。

トヨタを作った先輩たちに感謝する、同時に歴史を大切にしている。

他の幹部からも聞いたことがあります。

「歴史と創業者を大切にしない会社はつぶれます」

トヨタの役員になると、そういうことをいっそう強く感じるのでしょう。

自動織機時代から脈々と受け継がれる歴史

トヨタ生産方式として知られる仕事のやり方があります。

トヨタ自動車の車をつくる生産方式は、「リーン生産方式」「JIT（ジャスト・イン・タイム）方式」とも言われ、今や、世界中で知られ、研究されている「つくり方」です。

トヨタのホームページには次のような説明が書いてあります。

「『お客さまにご注文いただいたクルマを、より早くお届けするために、最も短い時間で効率的に造る』ことを目的とし、長い年月の改善を積み重ねて確立された生産管理システムです。

トヨタ生産方式は、『異常が発生したら機械がただちに停止して、不良品を造らない』という考え方（トヨタではニンベンの付いた『自働化』といいます）と、各工程が必要なものだけを、流れるように停滞なく生産する考え方（『ジャスト・イン・タイム』）の2つの考え方を柱として確立されました」

さらに、トヨタ生産方式のルーツは次のように解説されています。

「ムダの徹底的排除の思想と造り方の合理性を追い求め、生産全般をその思想で貫きシステム化したトヨタ生産方式は、豊田佐吉の自動織機に源を発し、トヨタ自動車の創業者（2代目社長）である豊田喜一郎が『ジャスト・イン・タイム』による効率化を長い年月にわたり考え、試行錯誤の末に到達したものです」

この文章はトヨタの社員なら誰でも暗誦《あんしょう》できるのではないでしょうか。それくらい、トヨタ生産方式と歴史観を大事にしているのでしょう。

ハウツーよりも、ビジネスパーソンとしての生き方を教える

ある社員はこう教えてくれました。

「歴史観は大事です。トヨタに入るとまず（豊田）佐吉翁の逸話から始まるんですね。

佐吉さんのお母さんが夜なべして機《はた》を織っていた。それが大変そうだから、佐吉翁は自動織機を発明した。（豊田）喜一郎さんは関東大震災の時、電車やバスは止まったけれど、アメリカのトラックが縦横無尽に走っていた。その姿を見て、こんな大変な時に日本人が自分たちの手で作った車が1台もないのは悲しい、と。

それで、自動織機から自動車に移ったわけです。トヨタには産業報国という社是がありますが、産業によって国や国民に報いることをトヨタはちゃんとやっている。受け継がれているんです。きれいごとかもしれません。しかし、きれいごとを大切にするＤＮＡがあ

るんです。やっぱりモノづくりの会社だからみんな真面目なんです。

研修でも、どなたかのために、何かのために、未来のために、環境のためにといったことをちゃんと教える会社です。ハウツーよりも、ビジネスパーソンとしての生き方を教えるんです。自分たちは何のために働いているんだ、と。

どなたかのためにやる。それで喜んでもらえたら、嬉しいじゃないか。喜ばれる方の笑顔を思い浮かべながら働こうよみたいな会社なんですよ」

「原価低減と生産性向上」という誤解

さて、TPS本部長の尾上さんはトヨタ生産方式について、こう言います。

「TPSは原価低減、生産性向上が目的と説明されていました。しかし、これは本来の趣旨ではないんです。

豊田（章男）が佐吉、喜一郎のことを思えば、『目的は誰かの仕事を楽にすることじゃないか』と初めて言いました。

これまで生産現場のＴＰＳであれば原価低減、生産性向上が目的と言えば、みんなすぐに理解できました。しかし、経理、広報、新車開発といった事務技術系の職場では原価低減、生産性向上を目的としたら、単に予算を減らせばいいと考える人が出てくるわけです。

そこで、開発部門のＴＰＳ指導の際に『他の誰かの仕事を楽にする』をテーマにしたら、見事にハマりました。全社にトヨタ生産方式を広めようと思ったら、原価低減、生産性向上では通用しないんです」

開発部門はカイゼン活動で、さっそく、「他の誰かのために」を形にしたそうです。

開発部門は長年、仕入れ先との間で、問題連絡書、通称、モンレンという書類のやりとりをしていました。

モンレンにはトヨタが出した仕様書に対する疑問、つまり、「このように書いてあるけれど、これはどういう意味ですか?」といったことが記してあります。

そして近年、トヨタと仕入れ先の間でやりとりされるモンレンの数が圧倒的に増えてきたという問題が起こりました。ここをなんとかカイゼンしたい、と。

調べてみると、問題点はモンレンの書き方でした。

「誰かの仕事を楽にする」は自分を楽にする

開発の人間は仕入れ先に与えるべき情報をいつの間にか絞ってしまっていたのです。

そこで、新たにフォーマットを作り直しました。事前に仕入れ先に知らせておくべき情報の欄を大きくして、モンレンの中に作ったのです。

そうしたら、両社の間を行き来するモンレンの数は劇的に減りました。こうして、仕入れ先という「他の誰か」の仕事は楽になったのです。

同時に、トヨタの開発部もまたモンレンへの対応が減ったため、仕事が楽になりました。

世の中にひとりでやれる仕事はありません。**どんな仕事にも関係者がいて、そのおかげで仕事が前に進むのです。ですから、相対する関係者の仕事が楽になれば、自分もまた楽になるのです。**

他人に尽くせば、自分にもちゃんと返ってくるのです。つまり、他人を楽にすると自分もまた楽になるわけですね。

やらない仕事
目先の利益にとらわれる

やる仕事
長期的な利益を考える

短期の生産性向上を目指しても長続きしない

ＴＰＳ本部長の尾上さんは言います。

「原価低減、生産性向上ばかりを言い募ると、間違える人たちが出てきます。利益主義だと勘違いして、短期的な利益を上げるためのカイゼンに陥りがちなんです。でも、**本当にその会社がよくなるのはやはり長期目標、長期計画にかかっていると思います。**地盤からしっかりやっていって、体質を強化して、やっと結果が出てくるのがわれわれのやり方じゃないかなと思うんですよ。短期の生産性向上を目当てにすると、結果だけを追ってしまう。それではやっているほうは疲弊しますし、長続きしないんです」

✕ 今儲けることだけを考える

◯ 長期計画を立てる

やらない仕事

ザ・トヨタ生産方式

やる仕事

つねに変化するトヨタ生産方式

これぞ「ザ・トヨタ生産方式」は存在しない

かつて、トヨタ生産方式をまとめた大野さんはこう言っていました。

「ザ・トヨタ生産方式はない」

ＴＰＳは問題解決に使うものではあるが、ひとつのやり方に固定してはいけない。時代と状況によって変わるのが当たり前だ、と。

そして、「ザ・モノと情報の流れ図」もありません。こちらもまたどんどん変えていけばいいのです。ですから、ネットに出回っているトヨタの考え方はすべて古いといっても

✕ 日々の仕事に疑問を持たず作業に追われる

◯ つねにカイゼンポイントを考える

いいでしょう。それくらい、変化しているのがトヨタです。

たとえば、生産調査部は２０１８年から経理の仕事のうち決算業務についてカイゼンを始めたそうです。

まず、お客さんとは何かを考えました。経理の場合のお客さん（後工程）とは、決算の数字の説明を聞く人だと設定しました。経営陣、ＩＲの関係者、そして何よりも株主です。そうして、モノと情報の流れ図を書いていったら、決算の仕事にはたくさんの標準作業があることがわかりました。３カ月間、調べて７７０もの標準作業があると分析できました。その中で、「どうして、この仕事をするの？」というものが全工程の10％あったそうです。

「昔からやっているから」という考えは捨てる

これはトヨタに限りません。経理だけの問題でもありません。**毎日、当たり前のようにやっている標準作業の10分の1はすでに時代と状況に合わなくなっているのです。**たとえば、書類を郵送する、ハンコを押すといった作業はどこの会社でもまだ少しは残っているでしょうけれど、それはもう要らないもの、やめるべき仕事になっているのです。

この場合、「これくらいは残しておいていいじゃないか？」という考え方はするべきではありません。やめると決めたものはすっぱりやめる。また、昔は先輩たちがやっていたけれど、今はやっていないという標準作業もやめるべき仕事の筆頭です。

ただ、これは自分たちだけで判断できることではありません。トヨタにおける生産調査部のような、他人の目で見てもらわなければなかなか自分の仕事を自分で切ることはできないのです。「自分がやっている仕事はやらなきゃいけない仕事だ、正しい仕事だ」と思っているからこそ、みんなやっているからです。

モノと情報の流れ図を作るのは、そういう自分たちの従来の仕事を信じている人たちに客観的な視点からの姿を見せるためです。

仕事には前の工程があって、また、後の工程があることをわかってもらいます。そして、自分たちの工程だけが生産性を向上させても、それが全体にどう関わっているかを目で見てもらわなければ人は納得しないのです。

自分が現在、やっている仕事を自分で日々、カイゼンできる人は本当のプロフェッショナルだと思います。

あとがき

勝利のキーワードは現場にある

トヨタはつくづく現場を大切にする会社です。社長や役員が本社でも作業服を着て働きますし、来客とも作業服で会います。作業服に誇りを持っています。どこかに機械油の匂いが感じられるファッションがトヨタにおけるおしゃれな格好で、オーデコロンをつけている人なんてゼロだと思います。

現場を大切にしている会社は他にもあると思いますが、トヨタは徹底しています。本質は現場にあると思っていますから、工場や販売店やユーザーのところへ行きます。社長でも役員でも部長でも、リーダーこそ現場へ行けという鉄則があるのでしょう。

考えてみれば、オフィスや在宅で、うんうんうなってもいいアイデアが出るわけではありません。どこにいても同じなのですが、現場には情報があります。情報の中で、情報を見ながら、情報のにおいをかいで考えろということなのでしょう。

豊田章男さんは昼休みになると、ぶらりと工場にやってきて、機械を見たり、そこにいる社員と世間話をします。それは豊田さんに限りません。歴代の社長は工場にいると気持ちが安らぐのでしょう。

豊田英二さんというかつての社長は社内の誰よりも工場の配管に詳しくて、配管に問題があって、原因がつかめなかった時、現場の作業者が社長を呼びにいったという伝説も残っているくらいです。「現場を大切にしろ」とはここまでやることなのです。

完璧よりも無限を目指す

トヨタの人たちを見ていると、人間の能力に限りはないということを痛感します。みんな、入ってくる時は軟弱な若手社員です。トヨタに限らず、どこの会社でも最初は軟弱な若手社員です。ですが、トヨタは対話しながら少しずつ、「仕事に関心を持つように」仕向けていきます。成功体験も感じさせます。

「頑張れ」「死ぬまで働け」なんてことは言いません。「結果を出せ」とは言われます。しかし、「完璧を期せ」とは絶対に言われません。

かつてはそんなことを目指していた時代もありました。しかし、そういう時代こそ儲かっていませんでした。

今は「ベター、ベター、ベターの会社」です。昨日より今日、今日より明日。完璧を目指すなんてことを言うから肩に力が入って自分の力が出ないのです。ベター、ベター、ベターであれば無限に成長できます。完璧よりも無限のほうが成長の度合いは大きいのです。

仕事より教育に明確なカイゼンを求める

トヨタの方針管理ですが、方針とは百人のうち、百人が理解できることを言います。そして、方針を教える場合でも、百人のうち、百人がわかることだけを伝えます。ひとりでもわからないようなあいまいな言葉、難解な用語を使ったものは方針にはなりません。書類でもメールでも、誤解の余地がないような文章を書いています。

なかなかできることではありません。

仕事の結果は自分に対して約束する

仕事の結果は上司に報告します。うまくいかなかった場合、上司は声を荒げて叱ったりはしません。うまくいく時とうまくいかない時があることをみんな知っているからです。

だからといってまったく叱らないわけではありません。

番頭の小林さんは「プロらしく仕事をしろ」と言います。それは仕事の結果は自分に対して約束したことだから、自分を見つめて考えろということです。部下を怒っても結果は変わりません。それよりも、次の仕事で「プロらしくやる」。自分に対して約束して、自分で結果をかみしめろ。それが本当のプロだということなのでしょう。がみがみ怒られるよりも、強烈に反省してしまう言葉だと思います。

トヨタはきれいごと、教育の会社

トヨタのケンタッキー工場で働くアメリカ人社員からこんな話を聞いたことがあります。

「トヨタのようにタダでさまざまな教育研修をしてくれる会社はアメリカにはない」

彼が言うように、アメリカの会社は社員に懇切丁寧な技能教育はしません。勉強したかったら、勤務が終わった後、自分で勉強するところを見つけて、自分の金で学んでこいがアメリカです。アメリカ人社員は言っていました。

「タダで勉強ができて、技能が上達したら給料が増えるのだから、トヨタをやめるやつはいない」

このようにトヨタは世界各地で技能教育に熱心なのです。加えてトヨタ生産方式という仕事への取り組み方も教えます。それも大勢を集めて、講習をしておしまいではありません。1対1、もしくはひとりの先生が5人に対して、手をかけて教えます。

ただし、トヨタの教育研修についてはあまり知られていないので、世間では「トヨタは厳しい会社」と思われているのでしょう。むろん働いている人にとってはちっとも楽な会社ではないでしょう。けれど、在宅勤務も進んでいますし、無闇に厳しい会社ではありません。勉強しよう、キャリアを積もう、海外で働こうと思ったら、どこよりも大きなチャンスのある会社でしょう。

トヨタでは高校を出て、現場で働く人間がアメリカ、ヨーロッパ、アジアとさまざまな国へ派遣されます。大学を卒業していなくても海外へ行く機会が多くある会社です。これもまた知られていないトヨタの特徴のひとつでしょう。

もうひとつは、トヨタはきれいごとの会社です。

「他の誰かのために」を旗印に掲げているのはさまざまなリスクを避けるという効用もあるのです。

トヨタで働いていたら、よこしまな気持ちを持った人たちからさまざまな仕事への援助を頼まれることだってないとは言えません。名前を貸してくれ、パーティに出てくれ、この人に会ってくれ……。社会人になると、そういった類の誘いがあるのです。

そんな時、トヨタの社員は「ノー」とはっきり言えます。「うちは清く正しい会社ですから」と言うことができるのです。

企業理念もなく、短期の利益だけを追求する会社はそこで、「ノー」と言えなくなってしまい、付け込まれる余地が出てくるのです。

きれいごとを信じるのは自分たちを守る鎧でもあります。

最後になりましたが、取材にお答えいただいたトヨタのみなさん、ありがとうございました。

2023年3月　野地秩嘉

野地秩嘉 のじ・つねよし

1957年東京都生まれ。早稲田大学商学部卒業後、出版社勤務を経てノンフィクション作家に。人物ルポルタージュをはじめ、ビジネス、食や美術、海外文化などの分野で活躍中。『TOKYO オリンピック物語』でミズノ スポーツライター賞優秀賞受賞。『キャンティ物語』『サービスの達人たち』『高倉健インタヴューズ』『トヨタ物語』、近刊に『伊藤忠 財閥系を超えた最強商人』（ダイヤモンド社）ほか著書多数。

図解 トヨタがやらない仕事、やる仕事

2023年3月31日　第1刷発行

著者　野地秩嘉
イラスト　よこたあき
発行者　鈴木勝彦
発行所　株式会社プレジデント社
〒102-8641 東京都千代田区平河町2-16-1
平河町森タワー 13階
https://www.president.co.jp/
電話：編集（03）3237-3732　販売（03）3237-3731
販売　桂木栄一　高橋 徹　川井田美景
森田 巌　末吉秀樹　榛村光哲
装丁　華本達哉（aozora.tv）
編集　桂木栄一
編集協力　ペズル　土屋恵美
制作　関 結香
印刷・製本　凸版印刷株式会社

ISBN978-4-8334-2496-7　Printed in Japan